楚尘
文化
Chu Chen

北京楚尘文化传媒有限公司 出品

造旅馆的人

[日] 稻叶尚登 著
何慈毅 何慈珏 译

中信出版集团 | 北京

图书在版编目（CIP）数据

造旅馆的人 /（日）稻叶尚登著；何慈毅，何慈珏译. -- 北京：中信出版社，2019.5

ISBN 978-7-5086-9247-0

Ⅰ. ①造… Ⅱ. ①稻… ②何… ③何… Ⅲ. ①旅馆－建筑设计－日本 Ⅳ. ①TU247.4

中国版本图书馆CIP数据核字(2018)第161597号

造旅馆的人

著　　者：[日]稻叶尚登

译　　者：何慈毅　何慈珏

出版发行：中信出版集团股份有限公司

（北京市朝阳区惠新东街甲4号富盛大厦2座　邮编　100029）

承 印 者：北京画中画印刷有限公司

开　　本：880mm×1240mm　1/32　　印　　张：11.5　　字　　数：229千字

版　　次：2019年5月第1版　　印　　次：2019年5月第1次印刷

京权图字：01-2018-6654　　广告经营许可证：京朝工商广字第8087号

书　　号：ISBN 978-7-5086-9247-0

定　　价：58.00元

| 目录 |

第三辑　村野藤吾设计的旅馆

第四辑　旅途之始（浦边镇太郎）

| 序言 |

在日本旅馆建筑史上有三位建筑大师留下了光辉的业绩。

一位建筑大师是吉村顺三，他留下的著名旅馆与他的住宅杰作融会贯通，相得益彰。吉村顺三自小学起就经常用硬纸来制作住宅模型，初中三年级的时候，他的作品就入围了《住宅》杂志的设计比赛。自进入大学以后，他开始研究日本的古代建筑，并建造居住舒适、具有日本建筑风格的旅馆和酒店，留下了不少有著名建筑之称的住宅。

另一位建筑大师是村野藤吾，他建造的许多酒店，成了商业建筑的典范。他以日本关西为基地，设计了多家百货公司、剧场、咖啡馆等商业设施。委托他设计的投资方都获得了很好的资本回报，可以说是一位引领企业走向成功的建筑师。他所设计的每一家日式酒店和西式酒店都别具匠心，风格独特，在商界和建筑界都享有很高的声誉。

在日本，只要是稍稍学过一点建筑的人都会对这两位建筑大师肃然起敬，仰慕不已。我自己在学生时代，为了欣赏村野藤吾的代表作——政府大厦和教堂，曾多次去京都、奈良、大阪一带，以及冈山、广岛、山口等地游历。还曾经以刊登在杂志上的照片为线索，在东京都四处探寻吉村顺三的住宅杰作，心想，哪怕是站在外面看一眼也是好的啊。

不过，还有另外一位建筑大师，别说我在大学读书时未曾听说过他的名字，就连在建筑杂志上都未见到过他的作品。

他是一位擅长设计茶室风格高级餐厅的建筑师，也是当代首屈一指的木雕艺术大师，被誉为"昭和的左甚五郎[1]"。

这位大师的名字，即便是我踏上社会，开始了建筑设计的工作，之后还到处去采访和拍摄著名的旅馆和酒店建筑，都未曾耳闻，在我做学生的时候就更不用说了。

直到我来到位于和歌山县南纪白滨的一家旅馆进行采访时，才听说了他的名字。

---

1 左甚五郎（1594—1651），日本江户时代初期传说中的雕刻艺人。也作为各地手艺好的工匠的代名词而被使用。——编者注

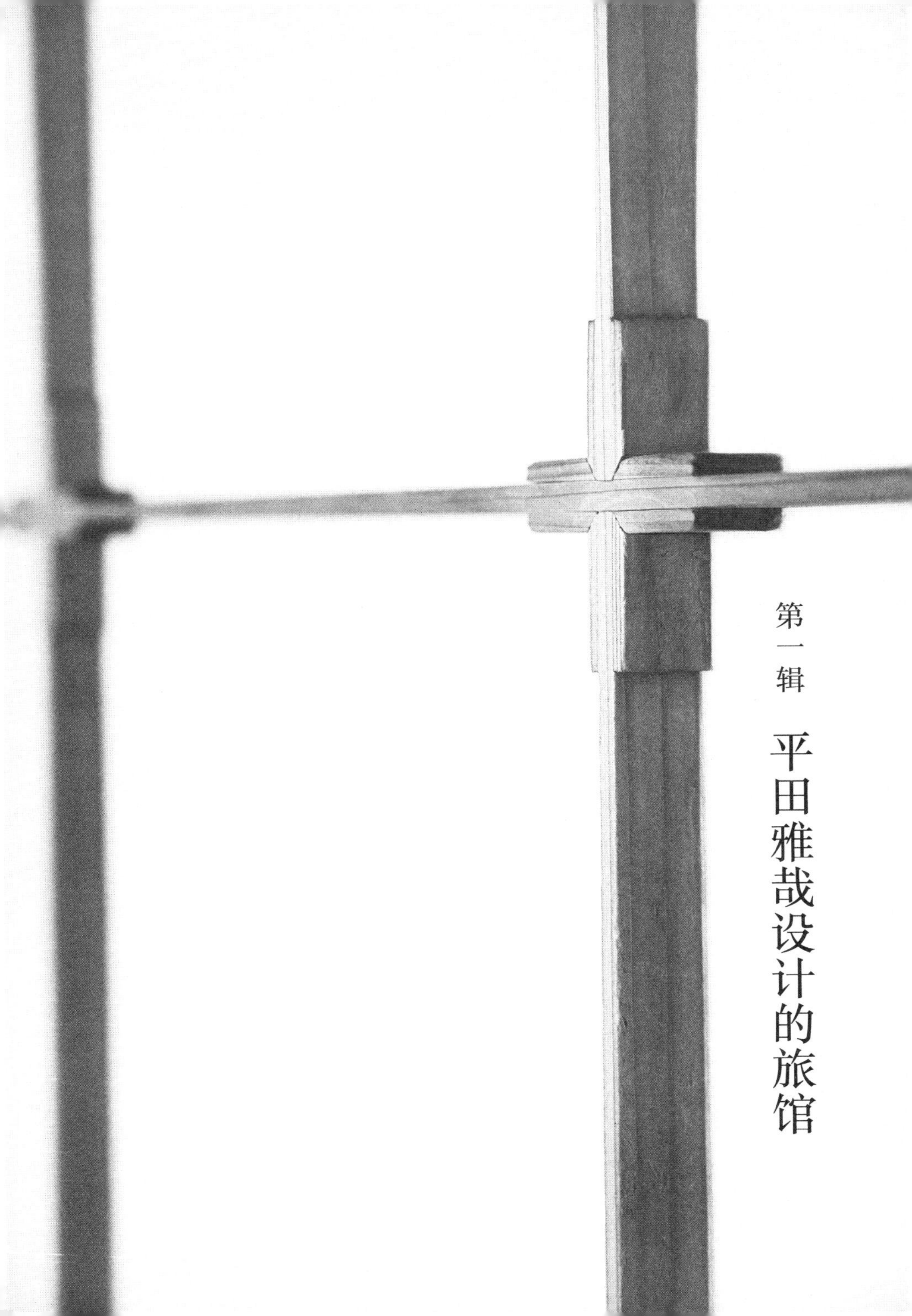

第一辑

平田雅哉设计的旅馆

大师的风采
——南纪白滨·万亭

电影人物的原型

一天，我拜访了万亭。这是一家由大正时代的别墅迁移过来后改建而成的旅馆。

据说这家旅馆原先是建在京都的一座别墅，名字叫作一力茶屋，继承者把它迁移到了南纪白滨，再进行装修而形成的。我打算住在旅馆里一边参观一边摄影。

我提早来到了旅馆，赶在其他客人入住之前，先参观了一楼还保留着别墅时期西洋风格的台球室和大厅，然后又逐一参观了已经改造成客房的曾经的卧室。二楼的客房都是民间艺术风格的装饰，与一楼的完全不同。这栋东西合璧的建筑，无论是西式部分还是和式部分，都保留了大正时代的气息。

与二楼走廊相接的别馆也有几间客房，但厕所仍然是过去的那种和式便器。虽然浴室的墙壁上贴了马赛克瓷砖，十分抢眼，但是空间太窄，不由得令人感到似乎浴室建了有好些年头了。这里与本馆客房的风格迥然不同，我估计可能不是原来别墅保留的，而是新增建的大楼吧。我回到了一楼，在服务台打听了一下，才知道原来那不是给客人住的客房，而是给来用餐和参加宴会的人使用的。

我来到院子，信步前行，看到一栋与本馆和别馆都不连在一起单独而建的建筑。这家旅馆的规模比想象中要大得多，兜一圈得花不少时间，好在参观一圈，我已经选定了拍摄的重点，所以在太阳落山之前，把大正时期留下的别墅建筑都拍完了，效率很高。

拍摄告一段落，应旅馆主人的邀请，我来到大厅与他们一起享用旅馆的特色晚餐。

料理与旅馆建筑一样，也是东西合璧的风格。前菜是一道红甘鱼沙拉。桃红色的鱼肉盛放在白色盘子的中央，黑葡萄醋和橄榄油为食材增添了几分色彩，令人食欲大增。刚一片入口，肥美的鱼肉配上优质黑葡萄醋那柔和的酸味，即刻在舌尖化开。用筷子夹起最后一片鱼肉，将盘中酱料抹干净，吃得精光。

在主人的推荐下，我从眼花缭乱的红酒单中挑选了卢瓦尔河地区（Pays-de-la-Loire）的白葡萄酒喝了起来。旅馆主人毕业于美国俄亥俄大学（Ohio University），曾经在一家大型食品企业工作过。我一边听他聊在美国、澳大利亚以及德国的杜塞尔多夫

万亭之独栋宴会厅“浜木棉”

（Düsseldorf）长期居住时的故事，一边喝着酒。等我发觉酒杯空空如也时，身穿和服的女经理及时地过来为我重新斟酒，就好像她一直在天花板上监视着似的。

前菜之后，端上来的是酱鹅肝煮茄子，使用的高汤充分发挥了两者的鲜味，最后在上面加了些鱼子酱。

"刚刚吃了冷盘，口中有点凉了，所以这次特意上了暖暖的热菜。"主人尝了一下酱鹅肝的味道后说道，"之后又是一道冷菜。这是个诀窍哦。这样可以更好地品尝美味佳肴。"

对此简洁明了的解释，我一边默默首肯，一边用筷子去夹菜。

我的脑海里突然浮现出了这样的念头：感觉就好比洗桑拿浴时，赤裸着浑身发热的身体跳入冷水池一样。但是，我又觉得这个比喻太不适合这位饮食讲究的主人，所以没敢说出口来。

接着酱鹅肝上来的是一道生鱼片，有金枪鱼、比目鱼和海胆。然后是烤银鳕鱼及生春卷做的汤。不一会儿，牛肉里脊陶板烧和沙丁鱼丸火锅一个接着一个地上来了。套餐组合是按照冷、温、冷、温的顺序配备的，的确让人感到更突出了各道菜的鲜美。

我一次次地露出心满意足的微笑，与主人讲述了白天参观旅馆建筑的感想。聊着聊着就聊到了院子里那幢单独而建的叫作"浜木绵"的建筑。从隔扇和壁龛[1]的设计来看，做工精细高雅，与东西合璧的京都别墅的风格明显不同。

"之所以单独而建，是否是打算从京都再迁其他别墅过来呢？"

1　壁龛，在本书中，指设于日式房间内部，通常比地面高出一阶，可挂画作，可放摆设，可装点花卉的装饰用地。

我问道。

主人一听我问，便告诉我说，那是1956年新增建的。“因为那是出自平田师傅之手。”

“平田师傅……”

“就是木匠师傅平田雅哉啊。”

“……”

“您没听说过吗？”

主人看我歪着头一脸茫然的样子，脸上露出一丝沮丧的神色，但马上强装笑颜补充说：“他可是电影人物的原型啊。”

平田、木匠师傅、电影、人物原型。

凭借这几个关键词的提示，我在记忆深处搜索着。然而，最终一无所获，只好老老实实地请教了。

“真是有位木匠师傅成了电影人物的原型吗？”

“果然现在的人都早就把这位木匠师傅给忘了啊！”

我感觉自己简直就是那“现在的人”的代表，深感愧疚，连忙低下头说对不起。

据主人讲，木匠师傅在生前留下了一部自己大半生的记录，电影就是以此记录内容为素材制作而成的。要说是描写木匠师傅大半生的电影，我想象应该是较严肃的纪录片形式，就电视而言，就像NHK专辑那样，扛着摄像机全程跟踪，将整个工作现场一点不漏地拍摄下来。其实不然。这部电影的导演就是把《雪国》《暗夜行路》《恍惚的人》等著名小说搬上银幕的丰田四郎，主演木匠师傅的演员是森繁久弥，因此可以说，它是一部投入较大的娱乐片。

在木匠师傅训斥弟子的一场戏里，有句台词非常有名，森繁自己都说很难忘记。

台词是这样的：

“行了！给我听着！你那点伤舔一下就好了，而这柱子上的伤痕则是永远留在那里了，懂吗？”

孤陋寡闻的我听了主人的讲述才知道，这位木匠师傅不仅设计和建造了吉兆、滩万等闻名日本的高级料理店，而且还是日本首位采用茶室式样来建造具有茶室风格建筑的建筑师。这位木匠师傅不仅为万亭建造了别馆，在本馆的建造中也费了相当的功夫。

客房中的匠心与手艺

第二天，旅馆主人带领我参观了旅馆内部。

大门、玄关及别馆客房，然后是单独而建的宴会厅。

我首先再次察看了玄关。这里是到访的客人最先接触到的地方，也是给满怀期待的客人们留下第一印象的地方。

地面高低错落较大，旅馆虽然建在高坡上，但是从外面马路上，既看不到建筑的外形，也看不到玄关。平田师傅特意将台阶设计成一个九十度的弯道，来客即使已经走上台阶，也是看不到玄关的。客人们满怀期待一路拾级而上，心里思忖着旅馆建筑究竟是何模样。不一会儿，就来到玄关处，那具有南纪白滨代表性风格的旅馆，才徐徐地映入眼帘。

旅馆门面很宽敞，从敞开着的大门向里望去，是总服务台和棋盘式墙壁。东西合璧的格局使客人感到出乎意料。天花板是用杉木制作的直木纹薄板，木板上的纹路一下子将到访客人的目光由入口引向大厅深处。墙壁和服务台的台板用的都是松木，木板的纹理与天花板的不同，正好形成对照。松木那宽大而复杂的纹理相隔一定距离重复出现所形成的图案，宛如用上等的岩石铺成，营造出一种厚重的气氛。进了玄关就看到一方石子地，许多白色的小石子点缀在地面上。脱鞋处的地板大约有九十厘米进深，是用整块木板制成的，令人觉得仿佛是高级料理店的餐桌板。再往里是服务台，地板铺上了地毯。在传统日本旅馆设计的基础上，又别出心裁地融合了若干西式酒店的要素。

在这里，更令人注目的想必是照明灯具吧。客人们脱了鞋踏上地板，抬头可见与地板同样面积的顶部天花板照明。从上照射下来的光线照亮了整块地板，就好像是这灯光变成了地板一样。照明灯与天花板其他部分一样平坦，并未凸显出来，优美的设计就好像是融合在了直木纹板里一样。

当我了解到客房也是这位师傅设计的时候，便再次审视起来，感觉与前日所见的客房完全不同了。一楼的客房有“栗”、“松”与“竹”三间，二楼的客房也有三间，分别是“樱”、“梅”和“樫”。虽然面积都是八张榻榻米[1]及十张榻榻米左右，但是除了使用的木

1　榻榻米，草席，草垫，日式房间铺于地板上用。一张榻榻米约1.7平方米。日语中，榻榻米的量词为“叠”，以下就借用量词。——译者注（以下如无特殊说明，均为译者注）

料不同之外，因装修设计各异，其使用方法及所营造的气氛都完全不同。

客房“梅”是将带树皮的圆木作为梁柱的，其形状就好像是从船的底部看两侧一样，给人留下深刻的印象。壁龛柱子使用的是老木材，灯光照在凹凸不平的复杂柱面上会有光线反射。使用古老木材来表现古色古香的设计，与略带西洋风格的玄关形成对照，或许是为了与迁移过来的京都茶室建筑保持一种平衡吧。“樫”客房的天花板呈茶白色，突出部分像是磨砂过的，这也是因为在有历史的建筑物上进行增加时，特意做旧的吧。

平田师傅在营造古色古香氛围的同时，也尝试着体现自己独特的新风格，给人一种现代西洋建筑设计的印象。比如，客房“樫”天花板的倾斜设计，不仅贯穿铺着榻榻米的和式房间，还一直倾斜到地板走廊。而“竹”客房的照明则是令人联想起圆盘，好几盏圆形灯一直排到壁龛，强烈地营造出水平流动的气氛。

在主人的引领下步入房间，我目不转睛地仔细端详。每每看到制作精美而纤细的拉门格棂、优雅的壁龛造型，我总会忍不住苦笑起来。一是因为感觉上完全不是自己在前一天所看到的建筑，二是因为这里还隐藏着许多值得仔细观赏的妙处。

不！其实设计师并没有刻意去隐藏。无论是大门、玄关还是各间客房，全部都展现在每天到来的客人眼前。而且这些设计装饰，也应该是我自己昨天都见过的。然而，由于自己先入为主，认为“应该拍摄大正时代留下来的别墅”，所以对平田师傅留在各房间那一目了然的绝活熟视无睹，以致擦肩而过，失之交臂。若不是主人告诉我，就差一点错过了对名师巨匠遗作的拍摄，无功而返了。

昨天，我在观察“栗”和“松”客房时还在想：“怎么搞的，到现在还用老式便器？”还瞅了一眼“梅”客房的里面，觉得真不敢相信这澡堂竟是如此狭小。无论参观哪一个房间，心里涌现出的全都是负面的感觉，认为至少应该稍稍改装一下，以满足如今的客人吧。

然而，正是昨天我认为不足的、负面的地方，多亏了没有对它们进行改造才得以保留到了今天，成了平田师傅杰作的一部分。

主人对我说：“我们总是犹豫不决，不忍心去破坏平田师傅留下的珍贵设计，所以一直保留到现在，没有进行重新装修。”

听了主人的这番话，我不断地重复道：“真是幸亏你们留下来了啊。”

村野藤吾也自叹不如

虽然平田师傅已经去世了，但听说主人至今仍与师傅在大阪日本桥创立的建筑公司平田建设有来往，于是我就拜托他给公司打电话联系，请他们通过传真将平田师傅所设计的建筑工程的施工履历发过来。因为若是履历表中还能找到其他旅馆的名字，我也很想去住几天，好好参观一下。

施工履历即刻就发过来了。我翻阅着履历表，再一次认识到了自己的无知。因为除了皇室的茶室和私人公馆，我还看到了好几家著名旅馆和高级料理店的名字。在这里，我首先将好像还在经营可以住宿的建筑的名称列出，介绍如下。

名　称	竣工时间
中山悦治别墅（后改名为大观庄本馆）	1941 年
大观庄本馆（由别墅改装）	1949 年
大观庄中广间增筑	1954 年
鹤家改建	1954 年
万亭旅馆独栋宴会厅新筑	1956 年
鹤家新筑	1957 年
鹤家第二期	1957 年
大观庄大广间新筑	1958 年
龟屋旅馆增筑	1959 年
西村屋别馆新筑	1960 年
大观庄增筑	1961 年
友来旅馆改筑	1963 年
大观庄增筑	1964 年
大观庄大广间增筑	1966 年
西村屋改装	1966 年

福田旅馆新筑	1967 年
大观庄会议室及客房增筑	1968 年
万亭客房改装	1968 年
大观庄客房增筑	1971 年
大观庄中广间及会议室增筑	1975 年
东南院宿坊新筑	1975 年
大观庄第二本馆新筑	1983 年
鹤家改装	1986 年
大观庄增筑	1990 年
大观庄大浴场等增筑	1990 年
万亭大浴场改装	1990 年

在建筑物名称旁边记录了委托方名单，上面有很多著名茶道艺术家和实业家的名字。我注意到了其中一位，名叫“村野藤吾”。

村野公馆独栋增筑工程	1943 年

村野藤吾也是一位建筑大师，他曾获奖无数，其中有日本艺术院奖，还被授予文化勋章。这样一位建筑大师，却请平田师傅来帮他建造自己家的独栋建筑。

查看资料方知，平田师傅建造的村野公馆独栋建筑是一间茶室。设计的空间：六叠大小的客厅，加一叠大小的地板，四叠半的茶室以及茶具洗涤处，外加玄关和洗手间。

在主人为我准备的平田师傅作品集中有一篇题为《最后一人》（最後の一人）的随笔，里面清楚地讲述了村野本人第一次见到平田师傅时的印象。

“身着条纹和服及颇有性格的脸庞，展现了平田师傅长期以来磨炼吃苦耐劳、无师自通的风采。他在金钱和强权面前不失自我，刚正不阿的态度体现了不屈不挠的精神。我在师傅对面坐了下来，一言未发，瞬间就意识到胜负已分，我输了。”

平田师傅就是这样一位令人心服口服的人物，连建筑巨匠都说他有“大师的风采”，以至诚恳地表示“我输了”。从村野的口气来看，心想或许平田师傅的年纪要比他大很多吧。我一边思忖一边确认了两个人的出生年月。

平田雅哉生于 1900 年，而村野生于 1891 年。此作品集是在 1968 年出版的。倘若村野的随笔是作品集出版前所写的话，那么当时村野七十七岁，平田师傅六十八岁，师傅比村野还要小九岁呢。

有关平田师傅的长相，日本文坛直木奖获奖作家今东光[1]是这样描写的：

“见到平田先生时，看着镌刻在他脸上的那些粗条皱纹，心想，这才是不畏风霜的名人相貌啊。若是表现再夸张一些，长得酷似米开朗琪罗（Michelangelo，1475—1564）。”

那么，这位既令村野藤吾都自叹不如，甚至还让今东光如此不惜赞美之词的平田师傅究竟是一位怎样的人物呢？

1　今东光（1898—1977），出生于日本神川县横滨市，小说家、僧侣、政治家。

从茶室木匠到茶室风格建筑师
——一代巨匠

读懂平田式茶室风格之精髓

虽然在踏上归途前，我已经向万亭的主人请求说，下次如果有机会再到这里来住的话，一定让我住独栋楼的客房“浜木绵”，但其实心里仍然抱有一丝不安的。因为我翻阅保管在万亭的作品集时了解到，平田师傅作为专门建造茶室的木工师傅不仅积累了丰富的经验，而且还创立了独特的茶室风格。

这要介绍起来还挺复杂的。因为若要深入了解平田雅哉建造的旅馆，首先得从提高我们自身有关茶室风格建筑的学识水平开始，但为了提高有关茶室风格建筑的学识水平，一定要先了解茶室，而要了解茶室就必须对茶道本身进行学习和研究。

于是，我首先找来了被拍成电影的自传小说《一代巨匠》（大工一代，平田雅哉与文学编辑内田克己共著）以及在万亭看到的作品集，还找来了其他出版社出版的平田作品集，开始学习起来。在作品集的前言与后记部分都有平田师傅留下的好几篇意味深长的短文，但最精彩的还是其自传。自传是1961年出版的，当时师傅六十一岁。我查了一下，这自传不仅是电影的原型，同时还是电视连续剧的原型。电影中扮演平田师傅的是森繁久弥，而电视剧中师傅则是由山形勋扮演的。

读着读着，有一段插曲更增添我内心对他的敬畏。

插曲讲述的是，平田师傅在满师前，还只是学徒中一介木匠时，与被誉为“大阪茶室建筑界三杰”之一名叫黑德清平的师傅一起建造茶室的一段经历。据说当茶室已基本完成的时候，平田因故无法亲临现场，于是请黑德师傅代为前去收尾。有位大师傅看了他们的活计，便把平田叫到跟前痛加训斥。这位大师傅的名字叫中川砂村，日后平田独立，他成了平田的导师和支持者。

“平田，你做了这么长时间的茶室活儿，难道连怎么钉钉都不知道吗？”

大师傅发怒是因为平田钉钉子的方法都是错的。平田一看，马上就明白是什么原因了。原来，黑德师傅一直以来做的都是“里千家”茶道的茶室活儿，而这次建造的是“表千家”的茶室，但他还是用“里千家”的钉钉方法，所以平田被骂了。

我曾听说茶会的主人在进屋时，究竟是该先跨左脚还是先跨右脚，“表”与“里”不同流派的做法正好相反。就是起身时做法也不一样，“表千家”是两脚并拢站立起身，而“里千家”则是先站一只脚，然后起身，做派举止各不相同。但是，没想到连建造茶室都大不一样，以至一眼就能看出钉钉方法错了。这确实很复杂。

然而，随着我进一步阅读平田师傅的自传，慢慢地了解到平田式茶室风格建筑的特征，似乎与原来的茶室建筑并不相同。当然，掌握一些茶室建筑的常识也没有坏处，但平田师傅不满足于作为专建茶室的一介木匠，他新创的茶室风格建筑之所以获得业界好评，被誉为“一代巨匠”，这也是因为他绝不墨守成规，而是冷静思考，去顺应时代的潮流。

平田说：“我认为茶室风格建筑，是茶室建筑与住宅建筑相互影响而形成的。”接着他又谈道：

“要说自千利休等人创建日本茶道以来，出现了众多流派，茶室建筑也随之发展起来，才形成了如今这样的格局。然后根据不同的流派，做法又都略有不同，如表千家、里千家以及官休庵（武者小路千家）等，但是这对于建筑而言并没有什么太大的差异。我不知道最近的茶道先生在教授些什么内容，若是西方人对茶道感兴趣，也不一定非要坐在按照日本人的身高比例建造起来的、天花板很低的茶室里不可。即使不用担心他们会碰到头，但我认为也应该考虑按照西方人的身高比例来建造茶室。还有，就算同样是日本人，我估计也会有人想要利用茶室来弄一下日式牛肉火锅什么的，当然也需要考虑到那时的方便吧。因此，预计今后茶室建筑还会有所变化吧。”

平田师傅认为表千家、里千家或官休庵，对于建筑而言并没有什么大的差异。而且，觉得在茶室吃牛肉火锅也无妨。我被他的这些独到的建议深深吸引，自己都感到放下了心里包袱，如释重负。他还说：

“提起茶室或茶会就会想到千利休的‘茶道’，虽然规矩甚严，但简言之，无非就是喝茶的起居室。因为是起居室，所以只要能品茶即可。茶道老师们说这说那，把它说得很复杂，实际上这与建筑毫无关系。我从年轻时起就大胆得出奇，思维一直比较自由，注重追求自然，不喜欢矫揉造作，一直干到现在，也没有出现什么大的过错嘛。”

虽然平田是在专做茶室的木匠师傅手下当学徒，然后独立成为茶室木匠，但不久他就涉足公馆住宅、高级料理店以及日式旅馆的建造了，成了茶室风格建筑的大师。这也是因为平田师傅一直保持着灵活的思维方式，所以才会说：“比如壁龛，也不一定非得传统的样式不可，就是做成三角形的也不错啊。”

面子人情兼顾的工匠精神

平田雅哉1900年出生于大阪府堺市，乳名叫作平田政次。小学三年级时退学，就开始在做木匠的父亲手下帮工。据说其父亲为人放荡不羁，“赚了点钱就喝酒、赌博、嫖娼”，对年幼的平田也很严厉苛刻。能经常保护幼小的平田的只有母亲，而母亲也在他十六岁那年去世了。母亲死后，父亲身边“不断续弦——新旧交替”，平田经常与父亲及后妈发生冲突，最终离家出走了。

十八岁时，拜藤原新三郎为师，做起了建造茶室的学徒工。当时，大阪专做茶室的木匠师傅中还有里千家的黑德清平，表千家的三木久，加上藤原新三郎，并称木匠师傅中的“三杰”。

平田在1930年三十岁时，听从了武者小路千家官休庵的大师傅中川砂村的建议，独立单干。之后，在藤原师傅的帮助及中川大师傅的指导下，建造了多家茶室。

三十三岁时，创建了承包土木建筑的平田组。四十三岁时（1943年）将平田组法人化，成立股份公司平田建设。就是在这一年，他着手建造村野藤吾家的独栋茶室。

之后，建造了一个又一个高级料理店。第二次世界大战以后，平田师傅年近半百，他把建筑工作扩展到了日式旅馆的建设上，建造了好几家旅馆。

在自传中，伴随着篇篇引人入胜的插曲故事，还描绘出了平田师傅对待工作的态度。每读一篇，就仿佛看到师傅的人格魅力跃然纸上。

最精彩的就是为当时著名的茶道用具鉴定家、美术品商人儿岛嘉助建造公馆的故事。儿岛公馆11月中旬顺利竣工了。谁知到了第二年正月6日的深夜，平田师傅接到了委托人打来的电话，说是新建的住宅发生了火灾。师傅即刻带领了十几位工匠乘坐出租车赶到了现场。当时他怀揣一把匕首，因为他想万一是自己的过失而引起的火灾，那么只有剖腹以死谢罪了。

到了现场以后一看，才知道并不是什么火灾，只不过是正月里烧暖气锅炉的烟囱被堵塞，冒出了浓烟而已。总算万幸，师傅也用不着拿匕首剖腹自裁了。这是平田师傅独立不久，才过三十岁的时候发生的事情，但也足见其年轻时就对工作怀有极强的责任心。

首先，他的处世格言就明确表示："工作就是恋人，是老婆"。他说：

"活着就要专心于自己的工作，因此工作以外的事情最好不要过问。知道多了就会傲慢起来。喜悦要与人分享，建筑物是不能用包袱裹起来的，所以与其积攒金钱，不如将工作成果留在世上。"

关于如何对待委托人，他认为"因为在进行说明以前，对方已经觉得你是位了不起的师傅了"，因此"你已经有责任了，所以不能够随便敷衍搪塞"。

"我在答应接受这份活儿之前，总是要与委托人进行充分的交流和磋商。这样可以了解到对方的人品、性格、兴趣以及家庭人员等，因此在设计时，会在考虑了委托方的这些情况以后，才制定建筑的式样、结构以及装饰等，这样才能形成一个完整的建筑。当然，这时候还得了解对方的职业，因为建造房屋的环境也很重要。比如对方是做生意的，也期望他们生意兴隆，房子建造得再漂亮，若是不利于买卖，那也不行啊。"

现在虽说前来委托平田师傅设计建造的顾客络绎不绝，但是能与师傅面对面进行交流，当面委托的人越来越少了。这似乎也只有师傅自己心里最清楚。他觉得：

"虽说对于建筑而言自己是专家，但也不能说句'好的，知道了'，就自说自话地建造起房子来。比如制图，对我来说，一张图纸就够了，但是为了使对方满意，就要制作三张，然后请对方从中选出一张来。图纸定下来了以后，就着手画内部结构图及立体图，这就是我的做法。”

他对待设计的态度也是一丝不苟。

“若是碰上有不良嗜好的人，我做设计时就会考虑怎么能帮他改掉不良嗜好。”

即使是很著名的建筑师，我也从未见到过对自己建造的房屋有如此自信的人。而另一方面，他对其他师傅也很严厉。

“大家之所以平田长平田短地热情地来找我，我想主要是因为其他师傅太不负责任了。”

他还列明了哪些表现就是不负责任：

（1）不想想自己有多大本事，一开口就讲价钱。

（2）牢骚满腹，总是抱怨。

（3）打一根钉子都漫不经心。

（4）把吩咐他做的工作指派给别人，而成绩则记在自己头上。

（5）干活的时候老坐着。

（6）草鞋、木屐、鞋子拖着走路。

专建茶室出身，对自己、对他人都是如此严格，就建筑而言，让人感到他就是一位努力提高建筑艺术性的人物。其实正相反，平田师傅对一些认为建筑是一门艺术的建筑师，明确表示了批判的态度。

“把活干好，既是为了自己也是为了客户。若是只知道赚钱，就不可能干出令人满意的活计来。虽然这么说，但若是赔钱也就无法继续干下去了。这很难把握。建筑不同于艺术，主要是实用，因为本来就是给人居住的。所以建筑被奉为综合艺术什么的，我完全不明所以。建筑最重要的是要看着美观，住着舒心。有些东西（综合艺术什么的）不能强求，自然最好。”

对年轻的弟子们也是，“每每‘出了事’总会进行一番教导，但也只是声音大，年轻人并非都听得进去”。虽然他心里明白，但还是将自己的心得体会记录了下来。

“做木匠活的，日常都要与刀具一起生活，所以对见血之事要感到羞耻。伤了自己不行，为了无谓小事而伤了他人，就更荒唐了。”

“上了高处，如果眼看就要摔下来，必须马上跳下来，或者抓住一样什么东西。这样即便同样是掉落下来，也很少会跌破脑袋。”

“若有好几个人搬重的东西时，心里要想着是自己一个人在搬，这非常重要。若有了依赖之心，就会导致受伤。”

对于每天使用的材料木料，也做了深刻的指示。

他说“木匠首先要清楚地了解木料的性质”，还指出“不同种类的木料当然各不相同，但即便是同样种类的木料，生长环境不同，也会各有不同。产地不同，性质也不一样。即使说每天都会出现不一样也不为过。”

“树木和人一样，也具有各种性格。有的树木会‘对人生出反感’，有的树木‘满身是伤’，使用时稍不留神就会导致失败。”

在木材使用方面，也不一定都要使用新的木材。他还记录了有关使用旧木料的好处。

“不是因为建造新屋就一定要全部使用新的木料。根据所使用的地方，有的使用旧木料就足够了。虽说使用旧木料有很多好处，但无论是客户还是工人都不怎么喜欢，因为有的人觉得麻烦，而有的人是觉得吃亏了。但是，因为旧木料已经很干燥了，不会变形，而新的木料时间长了就会弯曲变形。”

他列举了日常要注意的地方以及木材的使用，记录了自己独特的见解之后，又做了如下总结：

“不仅仅是木工活儿，我觉得无论什么职业都应该如此，就是要尽快找到自己职业的乐趣。若满腹牢骚、犹豫不决的话，就长不了本事。”

平田师傅就是这样老实而顽固。虽然一吵架马上就会动手，但为人敦厚。他从来不收红包，特别讲仁义，外表看上去凶神恶煞，连黑社会都会让其三分，但却滴酒不沾。

他说：“建筑物是无法用包袱裹起来的。建好以后，即便是自己和客户都不满意，也不可能手提着带回家去，都留在了世人看得见的地方。”这已成了他的口头禅。比起努力提高业绩的建筑公司老板来，平田师傅更加重视如何使做出来的活儿让客户满意。

他喜欢绘画，经常会去美术馆，与许多画家有来往。无论是外出旅行，还是在自己卧室，写生画册常不离左右。若是想到了什么好的构思，就马上把它画下来。

第二次世界大战中，因疏散地区没有活干，平田师傅于是就开始将玩木刻作为兴趣，而且手艺还不错。有一次师傅外出工作，家里人瞒着师傅，将他雕刻的作品放到了大阪市展览会上展出，结果被选入了作品选，大获好评。此后，他还经常在百货公司举办个展。

对于服装，平田师傅从年轻时就有自己独特的讲究。在拜藤原师傅为师的时候，他下穿藏青色细筒裤，上着套袖短褂，外面再披一件外褂，完全是一副戏剧里木匠人物的打扮，令人望而生畏。自己做了师傅以后，他亲手设计了冬夏两款印有公司字号的木匠工作服，发给工人们。

综上所述，平田师傅大半生的记录也许可以说，就是所谓成功人士一边穿插着自己的艰辛历程，一边讲述着自己在成功道路上的经验和教训。不过，这本书与其他多半是自我炫耀的自传有着很大的不同。

两任爱妻去世，还失去了孩子

作为一个木匠师傅，他讲述了自己对建筑行业的真挚与热爱；作为一个男人，对于那些难以启齿的负面心境与体验，他也是胸怀坦荡如实地记录了下来。

因为家暴，被父亲用榔头砸头，平田曾经尝试过自杀，还跳入荒野水井，但未成功，于是他离家出走。据说刚开始学徒时，有一次被师兄戳到了头，他一下子就拿起凿子去戳对方的脚，结果师兄被送进了医院。平田虽然支付了全部的医药费，但是对师兄报警一事则耿耿于怀。等师兄出院后，他手持两把匕首，说要与师兄决斗，师兄害怕了，于是向平田道了歉。

在女性关系上，他也透露了好几则逸闻，他经常说自己“在女人身上吃够了苦头”。比如，把叫来陪酒的艺伎送回家，当夜就与之搞上关系了。后来当他得知这位艺伎被某个男人续为妾，然后他跑去说分手，正好遇见那男人过来，平田还以为他是艺伎的什么亲戚，结果把人给赶走了，自己却又与艺伎睡了一宿。

其他方面也有很多趣事。有一段插曲的开头还这么写：“本打算忏悔，却触动了伤疤。”让读者感到就好像是在观看侠客电影似的，赤裸裸地描写了男人和女人的性事与情欲。

然而，当你以为接下来讲的都是艳遇故事时，他却笔锋一转，讲到了妻子与孩子的不幸，满是凄凉。

平田师傅的第一任妻子虽是医生的女儿，可妻子产后出现恶化，母子双亡。第二任妻子感染了肺结核，可那时平田收入低，拿不出钱来看医生，在妻子的再三恳求下，他带着四岁的儿子和两岁的女儿，开了煤气，打算一家人自杀。就在感觉身体就要动弹不得的时候，他改变了主意，一家人总算躲过了死亡。但是妻子的病情因此更加恶化了，肺部咳出了血来。平田想给妻子止血，可又无钱买药，实在没有办法，只好给卧病在床的妻子喝黏合剂。黏合剂当然不可能使得病情好转，护理也无任何效果，最终第二任妻子也走了。他带着幼小的孩子就不能很好地干活，十分苦恼，于是又想到了自杀，父子三人曾打算一起跳入位于堺市的东池。

由于护理病妻太累，为了调节消沉的心情，他开始找女人玩，结果患上了睾丸炎。想找活干，但因为要照顾年幼的孩子，也很难如意。穷得“连过年的年糕和布袜都买不起”，面对碍手碍脚的孩子，好几次都“想要把抱着的孩子往石头上摔”。结果，两岁大的女儿染上了疟疾，很快就死了。平田为女儿的死深深感到后悔，他后悔自己在女儿生前老说“要是没有这孩子就好了”。

此后，经人介绍又迎来了第三任妻子。在婚前听说对方只有一个孩子，可实际上有五个孩子，他想想自己的长子孤身一人，太可怜了，于是“赔了三百块钱和家具财产把妻子退了回去”，带着四岁的儿子开始了工棚生活。

平田师傅三十五岁时又娶了第四任妻子，结束了半流浪的生活，有了一个家。

长子与这位后妈相处得很融洽，但战争年代的中学生，每天都要被派出去强制进行劳动。战争结束后，总算进入了专业学校，作为父亲刚刚感到可以稍微过上像人样的生活了，可长子突然身患重病去世了。

平田师傅年过六十还常常梦见充满朝气的儿子喊着“我回来啦”回家来。

在我读过的书中，像这样毫无保留地讲述自己负面体验和心境的半生记录，除了出生于英国农村的世界著名吉他手的自传以外，这是第二部。那位吉他手讲述的是他被毒瘾和性欲控制的生活经历，说自己染上了毒品，与音乐上的伙伴争夺一个女人，其实是夺走了好友的老婆，等等。还写了后来戒毒后振作起来，准备再度出发的时候，年幼的儿子从公寓摔下死了的事情，真切地描述了父亲中年丧子的悲痛。

平田师傅的自传也是对负面部分毫无保留地进行了描述，使得事实更为清晰，深深打动读者的心。虽然内容都充满了侠义气概，而另一方面，整部自传充满了哀愁，确实令人有看电影的感觉。虽然我没见过平田师傅，但读着读着，让我真实地感受到了他的形象与魅力，再一次对他倍感理解，令我深深折服。

正如书中所描写的那样，平田师傅的前半生跌宕起伏，若是这一切都可以归结为他那“刚正不阿的性格”的话，那么能使名师村野藤吾都说“自叹不如”也是不难理解了。

一生的竞争对手

尽管平田师傅只有小学肄业的学历，一直没有获得建筑师的资格，但他不仅被人称为“师傅”，还被尊称为“茶室风格建筑大师”。其理由是因为他通过自学，掌握了画平面图和透视图的技巧，除了通过照片拍摄制作的作品集之外，还出版了以透视图为内容的作品集。

可能是受《一代巨匠》的影响吧，如今有不少留下著名建筑物的木匠师傅也出版了随笔作品集来介绍自己的工作业绩。然而，平田师傅则不同，他出版的作品集是通过摄影和解说来介绍自己工作成果的。要说在以京都为基地的木匠师傅中，只有一位叫中村外二的师傅出版过类似的作品集。而与随笔集一起，出版了多部作品集，而且还自己出版图纸集的，那仅有平田雅哉一人，恐怕也是“前无古人，后无来者”了。

他说：“虽然木匠使用刨子和锯子是理所当然的事，但是从当初开始到现在，我一直在做的就是制图，一天都没有中断过。以前是用毛笔画的，如今都流行用铅笔画了。而且最近的建筑工程，要增加各种新的设计，所以一座建筑工程得画五十张图纸。”

要想按照自己的思路开展工作，就必须要亲自设计亲自施工。坚持以这样的信念进行设计与施工的师傅，除了平田师傅恐怕没有第二个人了吧。他自满师前的学徒时期开始，每天都是白天工作、晚上画图纸。为了能简洁明了地向委托方讲解自己的设计构思，使现场的工人能准确无误地理解自己所画的图纸，平田师傅绞尽脑汁费尽了心血。他以20世纪极具代表性的世界著名建筑师弗兰克·劳埃德·赖特（Frank Lloyd Wright，1867—1959）的透视图与作品照片为参考，不久就创出了自己独特的制图法。通常来讲，图纸集是按照平面图、立体图和展开图等不同的种类，将其归纳在一起制作而成的，而平田师傅的制图法则是以每个间房的透视图为中心，将平面图和展开图综合起来画在一张图纸上。

平田师傅作为建筑师，获得的评价很高，很多客户甚至说哪怕只是请他设计也行。他自己则说：“我也不是什么设计师，所以从来没有收取过设计费。”不过对于作为茶室风格建筑师的评价，他自己一定也听说过的。正因如此，想必他对于著名大学毕业享有盛誉的建筑师们，怀有强烈的竞争意识。

对于曾经委托他为自家的独栋茶室设计和施工的村野藤吾（自传中被称为A先生），平田师傅称他是“一位自己尊敬的人”。平田师傅在自传中描述了曾经有一次他与村野在南海电车上偶遇的事情。

平田师傅写道：“我马上就要到站了，因为在人群中毫无顾忌地大声闲聊着，我在乘客们的注视下，笑着与A先生道别。”他们闲聊的内容中提到了一位平田师傅特别在意的建筑师。

“A 先生说他看了我最近的建筑，更喜欢我过去古色古香的作品。即便是过去的作品，被人称赞心里总是高兴的。而我告诉他：‘之所以采用新的材料、新的概念来建造，是因为不愿输给东京的著名学者建筑师，甚至还提到了那人的名字。’我说：‘至少不能在大阪的地盘上输给他，不仅仅是在设计上，而且在价格上即使不能便宜一半也要比他低三分之一。’我使劲地大声说道。”

平田师傅向村野提到那人的名字，完全展露了他与那位建筑师的竞争意识。

说起与平田师傅一样“使用新的材料、新的概念建造了新的茶室风格建筑”的“东京有名的学者建筑师”，恐怕我们大家都知道是谁了吧。

那就是东京美术学校（现在的东京艺术大学）毕业，并且之后成为本校教授的吉田五十八。

吉田五十八出生于 1894 年，比平田师傅大六岁，差不多是同时代的人。从 20 世纪 30 年代中期开始，吉田建造了小林古径公馆、川合玉堂公馆等具有独特的现代化茶室风格的建筑。正好是平田师傅满师独立五年以后再婚，并改名“雅哉”的时候。

吉田在关西地区也建造了好几座颇具话题的建筑。比如，1955 年建造的大阪文乐座，1964 年建造的太融寺正门（大阪），1965 年建造的高级料理餐厅冈崎鹤家（京都），1970 年建造的日本万国博览会松下馆（大阪），1973 年建造的大阪丽嘉皇家酒店新馆等。

吉田还获奖无数。有 1952 年的日本艺术院奖，1954 年成为日本艺术院会员，1964 年被授予文化勋章，1974 年被皇室授予从三品及一等瑞宝勋章。

《一代巨匠》是 1961 年出版的，吉田就好像是要跟大阪的建筑师傅们对抗似的，拼命工作，发表了一个又一个的作品。在奈良，建造了其代表作之一的大和文华馆本馆。在东京，有玉堂美术馆、新桥演舞场的增建，改造了与平田师傅颇有渊源的吉兆，然后还在神奈川完成了吉田茂公馆。大和文华馆本馆的建设是庆祝近铁公司（近畿日本铁道股份有限公司）创立五十周年的重要一环。委托其设计的是近铁创始人佐伯勇，他也曾委托村野藤吾建设了与东京都酒店相关及与志摩观光酒店相关的十八个项目的新建、增建和改建工程。

吉田五十八在平田师傅的眼皮底下完成了新作，而且都在建筑业界成为热门话题。于是吉田五十八声名鹊起，不断地被授予各种奖项。

获悉竞争对手的近况，平田师傅内心一定很别扭吧。

貌似交恶，实为良友

平田师傅经手的建筑清单中，名字经常出现的委托设计的客户们，想必都是十分喜爱他建筑作品的人吧。他们也是平田师傅的忠实粉丝，而且都是他一生中熟知他性格的朋友。例如，吉兆的创始人汤木贞一去平田师傅家拜访时，《一代巨匠》执笔者之一的内田克己正好在场，他记录下了两人的对话。

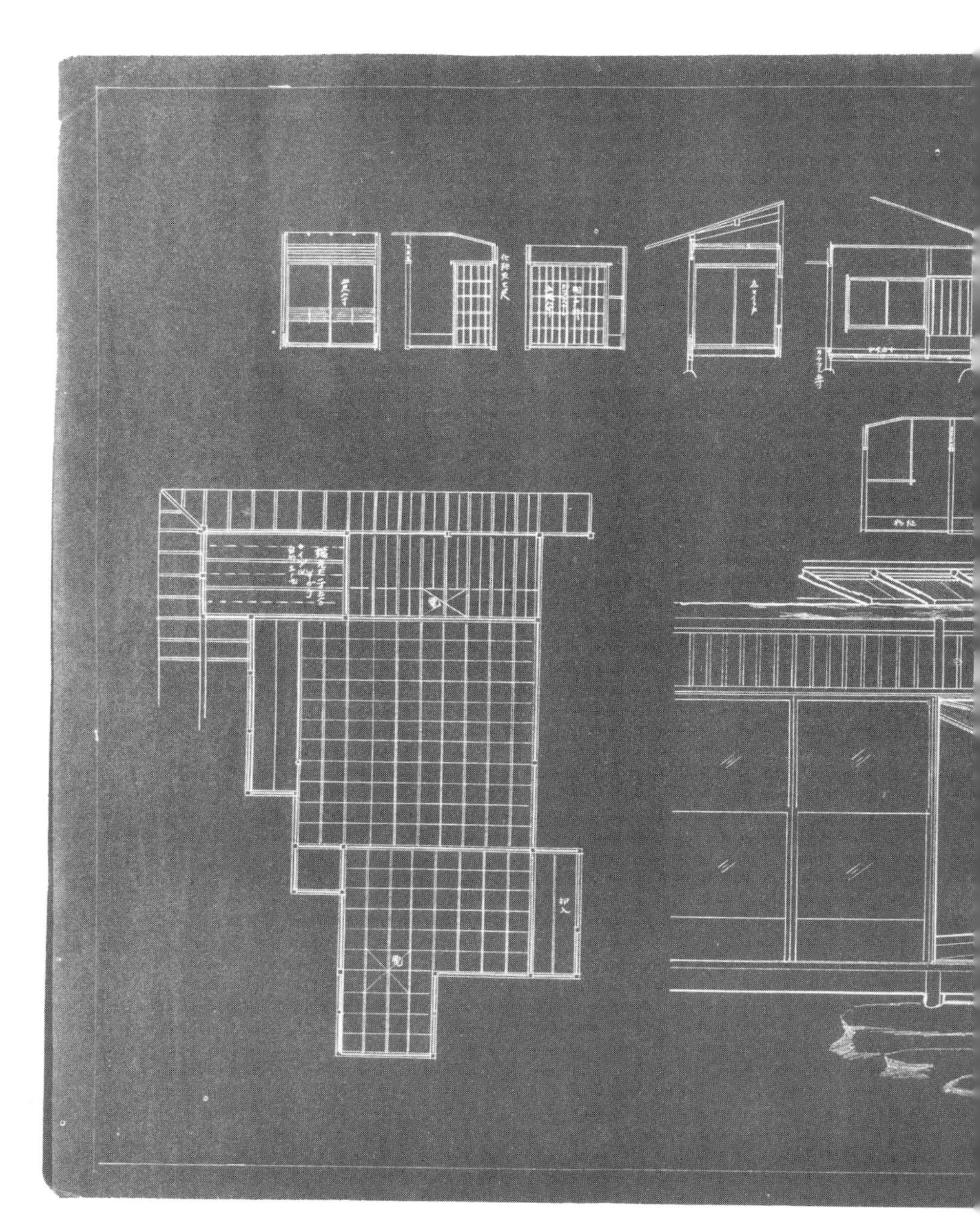

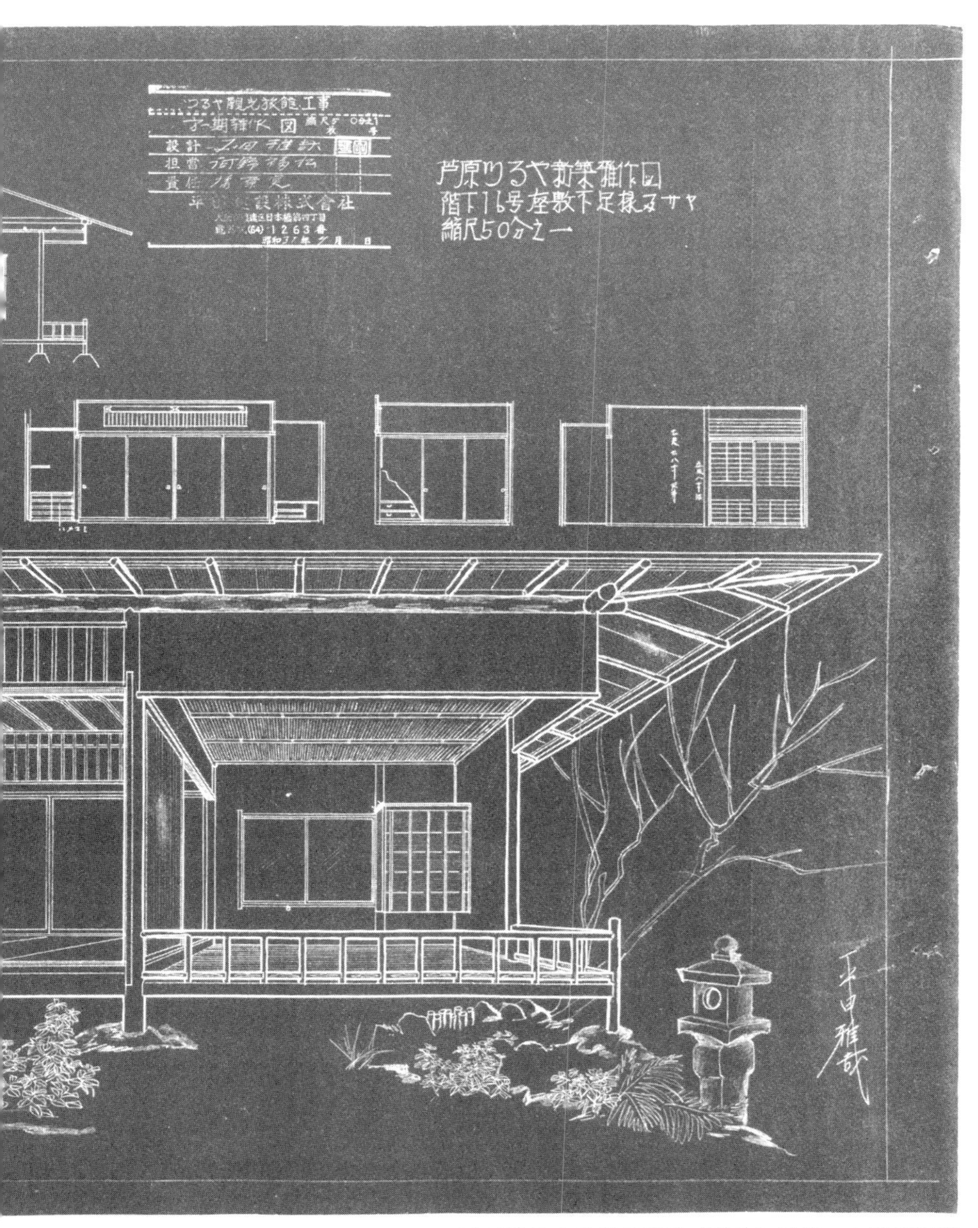

平田雅哉亲手所画鹤家“观月”图纸，由鹤家所藏

即使是汤木到访，平田师傅也是一副“你来干啥”的态度。而汤木也是“急急忙忙的样子，坐立不安，只是把要讲的重要事项讲完，就想马上走掉。于是，平田师傅好像再三嘱咐一样说了些什么，事情便全部谈妥了。分手时一个说‘那就拜托了’，另一个则说‘只好接下了’。”

内田事先强调说当时自己就在现场，然后对两个人的关系进行了清晰的说明。

“我想象着，这或许就是社会上所谓貌似交恶实为良友的关系吧。”

可能那些深信平田师傅，把工程完全托付给他的其他客户们，与平田师傅也是类似的关系吧。比如中川砂村，在平田师傅独立当初，他给了平田很多支持并指导其设计。又比如高级料理店大和屋的阪口祐三郎，因为对年轻的平田师傅深信不疑，所以才把好几个工程都交给他做，还给他提供居住和工作场所。还有茶道用具鉴定家儿岛嘉助，以及滩五乡制作清酒樱正宗的第八代当家山邑太左卫门。还有一位就是中山制钢所的创始人中山悦治，他在 1934 年委托当时年仅三十四岁的平田师傅负责芦屋茶室的增建工程，之后接二连三地委托他负责多项工程的设计和施工。例如，在 1940 年委托他建造位于别府的别墅，1941 年委托他改建在芦屋的公馆以及制钢所的迁移工程，1942 年委托他位于六甲山的别墅建造工程，还有热海的别墅建造工程等。

1941 年在热海建造的别墅于 1949 年又进行了改建，成了旅馆大观庄。平田师傅在大观庄旅馆开业以后还继续承接了好多项改建和增建工程。对于这位委托他建造别墅群中各项工程的中山先生，平田师傅在《一代巨匠》中也表达了感谢，他说：

“中山先生去世以后还给我留下了活儿可干，真是非常感谢！”

我决定下次去热海住宿。

趣味十足的建筑
——热海·大观庄

依山而建的迷宫

大观庄建造在面向大海极度倾斜的山坡上。

从热海车站乘坐出租车大约三分钟就到了，离热闹的温泉小镇并不远，但让人感觉远离人声嘈杂。也许是因为，旅馆的大门建在海拔一百米峭陡的山坡上，而高层客房建在了离大门有二十米以上的高处，与海边的小镇街道之间有较大落差吧。这高地视野开阔，不仅热海湾一览无余，天空晴朗的时候还可以一直看到坐落在远处的初岛，非常适合一代之间就发了大财的人在此建筑城堡，宛若俯视俗世一样。

旅馆的占地面积有三万三千多平方米，建筑的总面积也有六千六百多平方米。

不仅是原有的别墅，不同高度不同层数用钢筋混凝土建造的客房大楼也依山而建，匍匐在斜坡上。连接大楼之间的走廊或楼梯十分复杂，与其说像城堡，不如说像一座迷宫。

旅馆的周围种植了许多松树和樱花树，夏蝉正嘈杂地鸣叫着。正午刚过，我就到了，把行李存放在了开着空调的东馆。

听说我们为了摄影要在这里连着住好几天，旅馆为我们准备的是不怎么会有人来打搅的房间，但似乎比其他客房要小一些。据说为我们选择这间客房的理由是，这客房后面也没有什么人预约，而入住时间和退房时间也可由我们自己定。我倒不一定要大房间，觉得这里在拍摄完后能够安安静静执笔。

我们的用餐也不一样，不是通常一宿两餐的形式，而是请旅馆破例，只为我们订早餐。因为夏天日长夜短，只有到了现场实际拍摄，才能判断要拍摄到晚上什么时候。若是旅馆为我们准备了他们引以为豪的丰盛晚宴，而我们不能在大厨认为的理想时间用餐，那还是别勉为其难了，于是就订了两天的早餐。

我们马上去参观了位于本馆一角的原来的别墅建筑。

据说即使改成了旅馆，还增建了旅馆玄关和其他客房，但别墅还保留着当时的设计。我们来之前事先定好了既能仔仔细细地观看，能在阳光照射的最佳时间段进行拍摄，又能让我们自由出入，并且正好没有人入住的房间。

这是一栋两层楼的木结构建筑，面临着修正完美的日本式庭院。楼上楼下各建有一间特别套房，一楼套房“大观”的结构：洗漱间、厕所和温泉浴室有八叠大小，十三叠的卧室加较有进深的厢房，还有一间连着庭院宽敞的西式客厅。二楼的总面积与一楼的相同，套房“松风”的结构一样是八叠的洗漱温泉浴室套间和十三叠的卧室，但没有连接庭院的西式客厅，而是绕着两间房间有一条宽敞的 U 形厢房回廊。

中山制钢所于 1919 年在兵库县尼崎创建不久，就成了日本屈指可数的钢铁公司。正因为大观庄本馆原是这公司创始人的别墅，所以一楼与二楼的房间整体充满了威严的气氛。而另一方面，这里也洋溢着难以抗拒的温馨。我之所以有这样的感觉，或许是因为我在到访这家旅馆之前，读过平田师傅留下的有关住家与别墅在建造玄关时有所不同的描写吧。文章这样写道：

“即使采用同一种木材，住家建筑用的是‘铁杉’和‘柏树’的方木，而别墅建筑用的是‘北山圆木’。也就是说，因为是建别墅，一般说，来客都不会表现得精神抖擞，所以希望给予客人们轻松优雅的感觉。这也就是人们想要追求‘闲寂’意境，都喜欢使用带有结疤的圆木的缘故。说到别墅，谁都认为不能像住家那样严肃，而是要带有一种‘温馨’，换而言之，就是要有‘轻松愉快’的感觉，这也是人之常情吧。若是‘西装革履’来别墅那就太拘谨，就体现不了别墅的可贵之处了。要给人一种亲和感，使客人入门而来，看到庭院里结满火红柿子的柿子树就想要伸手去摘。”

这篇文章充分反映了平田师傅根据建筑用途的不同，是以何种构思来进行设计的。也就是说，即使同样是住宅建筑，住家与别墅要求有不同的设计构思。若是高级料理店、温泉旅馆，那就更讲究了。用途不同，从材料选择到细小方面的构思都各不相同，因此我也希望尽量能够一边感受它们之间的不同，一边进行拍摄。

作为温泉旅馆开业时，建筑本身也成了话题。日本自关东大地震以后，出于对震灾的恐惧，在关东地区大家都流行建造轻盈的白铁皮屋顶、木板墙的木结构房子了。在已经习惯了简易轻盈房屋的关东地区人们的眼里，那出现在热海的京都住宅建筑风格的温泉旅馆，用瓦片铺成的屋顶，厚厚的土垒墙壁，显得沉稳高雅，别具一格。

平田师傅的作品群

结束了别墅的参观与拍摄，过了一晚到了第二天清晨。

我请旅馆的老板娘给我看大观庄的增建、改建工程的清单。我一行一行地细细查阅工程的历史，再次让我意识到，平田师傅倾其一生，为这家旅馆一次又一次地进行了新建和增建工程。

老板娘告诉我，由中山悦治的别墅改造成旅馆开始，之后所有的增建、改建工程，都是委托平田师傅领导的平田建设公司设计施工的。虽然，我到访万亭的时候，曾经请平田建设把工程清单传送过来了，但是当从旅馆当事人那里听到这些事情，仍然是感慨万分。尽管自己已经把馆内设施全部巡视了一遍，但因为头脑里已经存有巨匠建造的茶室风格建筑都是木结构的固定概念，所以除了本馆两层楼的木结构建筑以外，并没有想到坐落在山谷的那些钢筋水泥结构的楼馆也都是出自平田师傅之手。如五层楼的西馆，三层楼的东馆，还有二层楼的南馆。

工程名称	竣工时间	平田雅哉年龄
中山悦治别墅	1941 年	41 岁
本馆（由别墅改装）	1949 年	49 岁
中广间增筑	1951 年	51 岁
东馆（音羽等六室）	1955 年	55 岁
南馆（尾上等七室）	1958 年	58 岁
大宴会厅蓬莱	1958 年	58 岁
客房桔梗	1959 年	59 岁
末广、蝴蝶、常盘等客房	1961 年	61 岁
宴会厅羽衣	1961 年	61 岁
大宴会厅蓬莱扩建	1963 年	63 岁
白系、清泷、千岁等客房	1964 年	64 岁
泳池	1964 年	64 岁
若竹、青柳、初濑等客房	1965 年	65 岁
大会议室	1965 年	65 岁
廊桥	1966 年	66 岁
客房利休	1967 年	67 岁
渔火、浮岛等客房	1968 年	68 岁
西馆（双叶等）	1971 年	71 岁
西馆大会议室扩建	1972 年	72 岁
中宴会厅高砂	1974 年	74 岁

小宴会厅羽衣	1975 年	75 岁
服务台、玄关、走廊改建	1981 年	已逝
酒吧装修	1982 年	
东馆（六室）	1983 年	
蝴蝶、常盘、桔梗等客房装修	1983 年	
椿客房浴室装修	1983 年	
琥珀客房浴室扩建	1986 年	
客房白系装修	1987 年	
客房千岁装修	1988 年	
客房清泷装修	1988 年	

以上建筑群非常宝贵。也就是说，按照这家旅馆各栋建筑的建造年代参观一圈的话，大概可以了解平田雅哉自三十岁在大阪独立，四十岁开始其作品慢慢地出现在关东地区，一直到最晚七十几岁这段时期，其建筑风格的历史变迁了。

在客人们退房以后，我一个人去各空房间看了看，巨匠那精湛的技艺从这硕大的迷宫中放射出耀眼光芒，一个又一个地展现在我的眼前。

在西馆四楼的客房“吴竹”，我瞅了一眼，便在宽大厢房的一角发现了洗手的石盆。在给人以整洁流畅印象的现代化和式客房中摆放着一只石盆，就好像是不同时代的遗迹。这种手法正是富有情趣的平田师傅所特有的。

在这房间隔壁是客房“御幸”，我在玄关处伫立了片刻。由走廊拉开移门一进入玄关，脱鞋处的正面就是房间，左手是盥洗室和浴室，右手是厕所和洗手处。由地板到天花顶树立着一扇屏风，用来遮住由外间入口去厕所的人影。但这不是单单用一整块杉木直木纹板做成的，而是像格子门那样，做了一个很大的半圆形雕刻。这样一来，使得原本印象沉闷的和室玄关，巧妙地融合了西洋的轻快气氛。

上一层来到了五楼，进了一间称为“吉野”的特别客房。这里除了和式房间以外还有西式房间。我从玄关往套间走，抬头观看房间之间的隔扇上部的楣窗。竖木条像梳子的齿那样按照一定的间隔有规则地排列着，成机杼形式。因竖木条之间的空格较大，梳子的齿显得较稀疏，但更具轻快而现代的感觉。由套间透过楣窗的间隙可以清晰地看到主房间的天花顶。直木纹天花板流畅美丽，这样的设计使得客人在进入主房间之前，视线就被吸引过去了。

从西馆往西别馆前行，再经由西馆往南馆而去。我近距离观看了壁龛中的摆设、纸拉门、隔扇，以及楣窗的木条等细小部分，在各方兜兜转转，又回到了本馆，终于到了位于角落的叫作“弥生”的客房。

我在房间里独自一人盘腿坐着，透过玻璃门向里院眺望，在这里又有了新的发现。在熟知了茶室和日本建筑本质的基础上，不断采用新的概念，继承传统而不墨守成规，这就是平田式茶室风格建筑的特征。在这间屋子里也可以看到只有平田师傅才会做的尝试。

若想从房间透过玻璃门尽兴地去欣赏户外的景色，存有障碍且比较麻烦的就是玻璃门连接地板部分的横木棂，也就是门的下框。

因为它把屋内景色与屋外的景色断开了。平田师傅为了消除这一障碍，想出了独有的办法。他把安装移门轨道的门槛高度调整到比房间地板高度更低的位置，使下框隐藏到这调低的部分中。这样，外面的景色就不会被门框遮断了，从屋内透过玻璃门就可以一览无余。

让我驻足的不仅仅是客房内部。

由本馆向南馆和西馆而行时，必定要经过的就是外廊，这里是平田师傅六十六岁时的杰作。走廊横跨在游着许多锦鲤鱼的池塘上，途中备有休息处，就像是在水面凸起一般，还可以看到一流瀑布从岩石滑下，落入池中。回头再看，池塘边葱郁的庭院、蓝蓝的天空，还有桃红色紫薇，五彩缤纷，宛如图画一般。由温泉大浴场回客房的旅客们感受着舒心的阳光，突然又为清凉的水声驻足，便想在那里停留片刻稍作休息。

虽然可以看出这里选用了崭新的材料，展现了新的建筑技巧，但是似乎平田师傅本人并没有一点炫耀的意思。他说：

“近来我做建筑并没有想过要标新立异。一来是环境变了，还出现了许多新的材料，我只是想方设法去适应变化而已。这也是自古以来的传统做法。”

平田师傅以前建造茶室时，为了适合现代人的身高，就把进出茶室的小门由通常的七十八厘米加高了三至六厘米，加高到八十四厘米左右。他经常与自己的导师中川砂村宗师为了茶室的尺寸争论不休，但是为了顺应时代潮流，就需要想方设法灵活应变，这也是平田师傅所说“自古以来传统做法”的一个例子吧。

旅馆的建筑所到之处都可以见到平田师傅许多特有的设计，可见他是在考虑过客人们会如何看待之后，再思考如何提高客人们的欣赏效果。这就是平田师傅作为建造者的执着，同时也是独一无二茶室风格建筑大师的执着。

别墅茶室

在全馆巡视了一圈之后，老板娘又手持一大把钥匙领着我参观了平时锁着门不使用的屋子。那就是坐落在庭院深处，名叫“光琳”的独栋小屋。老板娘说，这里与本馆一样，也是中山制钢所创始人中山悦治别墅时期的建筑。这是一栋木结构平房，有两间屋子，一间八叠大小，另一间十三叠，再往里是茶室和温泉，还有洗手间。这里不是用来住宿的，主要用于举办宴会。对于了解平田式茶室风格建筑，这里与本馆同样具有重要的参考价值。

相比参观本馆以及其他设施，更打动我的是，我第一次见到了平田师傅作为茶室建造师傅刚独立创业时亲手建造的茶室。

“如果傍晚要拍摄的话，还是先把防雨窗都打开吧。”

听老板娘这么说，我以为她会指示柜台的工作人员，让他们在傍晚之前做好准备呢。谁知她当即挽起和服的下摆，开始亲自取下防雨窗套的支撑棒，打开玻璃窗，并正要着手去移开一排排的防雨窗。

“啊！我来帮手！”

我赶忙撑开相机三脚架，将摄影机架在地板上。因为我想一名女子要打开这么多扇防雨窗，那可是相当的气力活。

在老旅馆拍摄屋内装饰的时候，即便想要将隔扇全部移到墙边，很多时候在移动途中，门会被卡住动弹不得。若是硬来，隔扇四周的骨架和装潢框就会散掉。假如移动不了，想要拆下来搬到房间角落靠着，于是两手抓住往上提，那也是一动不动的。那是因为自从建好以后，经历了几十年的岁月，门楣已经下垂了，门槛也凸起了。没办法，只好位归原处。

即便是屋内的建筑，年复一年都会出现劳损，更何况是长年累月经过日晒雨淋的防雨窗，木板弯曲弓起更加严重。要移动一扇防雨窗，即便是男士也很吃力。我经常看到有的旅馆，好几扇防雨窗不知什么时候都成了永不打开的门。

“光琳”是与别墅同时在热海建造的，已经历了七十个年头。想必门窗等都已出现了劳损，所以我想去帮一把手的。

“没事的，很简单就能打开的。”

老板娘说着就都打开了。一缕金色的阳光照进灯光明亮的室内。用手指插入防雨窗的缝隙，像拂拭暖帘那样在木板上轻轻一扣，于是干巴巴的防雨窗就发出哗啦啦的声音，滑入防雨窗套中，轰的一声，戛然而止。将滑入的防雨窗往里收拾好，再扣下一扇，同样是随着哗啦啦的声音滑入窗套中，轰的一声，戛然而止。接着是一扇又一扇。

我停住了想要帮忙的手，不由得被眼前的光景给迷住了。

滑溜顺畅的运作令人吃惊。我觉得仿佛是这位亲自设计、亲手建造的能工巧匠在这夏日的阳光里向我们展示他多种精湛的手艺。

我参观了一个个充满阳光的房间之后，经由走廊往里去，到了尽头。把门往外拉开，里面是一叠大小的空间。在眼前这隔扇的后面就是茶室。地面镶着火炉，还有壁龛。当我把视线移向天花顶时，突然想起了平田师傅在文章里提到的，禁不住地想大声跟他说："我发现啦！"

文章中说："茶室建造有项工序就是建造'天窗'，但是很多专门来看茶室的人也未必察觉。从前是用柿液纸、纸糊窗和板窗三样东西组合起来做的。自从有了玻璃以后，柿液纸部分被玻璃代替了，但是也就没了雨打和纸的声音了。"

平田师傅还以此天窗为例，就茶室建造与住宅相比，对木匠来说是花工夫的工作进行了说明。他说：

"这项做天窗的活计，当然要考虑到雨水下漏的问题，所以必须想办法让雨水顺畅地往下流。有些茶室的天窗因为是技术差的木匠所做，一眼就能看到这部分的屋顶高高凸起。但是作为屋顶的形状来说，应该形成一个相对平缓的斜坡吧。若不是懂得享受茶道的人，是不会注意到'天窗'的，所以也许就可有可无了。然而就是这可有可无微不足道的'天窗'，按照如今的计算方法，需要花费十个木匠的人工。所以，相对普通住宅建筑只需三四个人工就可以完成，那就区别很大了。"

我在室内巡视了一圈，就随老板娘来到庭院。两人抬头观察屋顶。

"这建筑损坏得也很厉害了。"

阳光照射在铜板铺就的屋顶上，看见到处生锈，高低不平。

“是啊！”

好像就连平田师傅也对这日晒雨淋造成的屋顶劳损没有预防的办法。

“下个月这里也要拆除了。”

我刚想点头说“是吗”，突然屏住了气息。

对于这突如其来的信息，我不敢相信，马上问道：

“要拆除？是这独栋建筑吗？”

“是的。”

“下个月，那不就是9月份？”

“9月20日已经有人预订要使用这茶室，等那以后就要拆除了，准备新建一栋两层楼做客房。”

“不是移筑或什么，真的要拆除吗？”

“是的。虽然很遗憾。”

“难道不能保留在用地的某个地方吗？”

我喋喋不休地反复问道。给人以一种错觉，就好像是自己小时候住过的屋子要被拆除一样。虽然在我心灵深处很明白，我这不过是暂住一宿的过客自我伤感而已，可还是不由得思考起是否有什么办法可以将这建筑保留下来。

从南纪白滨回来，到再访热海之间的一段日子里，我多次翻开平田师傅的作品集，将目录中建筑物的名字记了下来。我打电话去询问它们的现状究竟如何了，结果了解到大部分都已经在拆除了。现在的情况与平田师傅活着的时候不同了，所以这也是无可奈何的事情。然而，对于我这个一心认为那些建筑是宝贵的文化遗产的人来说，得知再也不能接触到那现实中的建筑了，看到这座建筑过去被印刷在作品集中的黑白照片，就好像是看到遗像一样，心情就沉重起来。

到了下个月，又有一件平田师傅的宝贵作品将在这世上消失了。

虽然我有幸事先偶然得知这座建筑将要被拆除，然而却完全无能为力。对自己苛责的同时，心里感到怎么也无法接受这事实。

至少，期望在从这世上消失之前的最后瞬间，我能够把它拍摄下来。

我向老板娘打听了解体工程的预定开工日期。

得以继承

在庭院里站满了身着藏青或灰色西装的男士们，偶尔看到有几位身穿和服的女士。站在最前面的男士也是和服打扮，从开始就一直在那里夸张地挥动着像纸制暖帘那样的祭神币帛。身穿淡紫色的神官服，头戴黑色帽子，像是从附近神社请来的神官。

神官渐渐地张开大嘴，开始发出高亢的声音，是招神仪式开始了。

解体工程通常是不举行任何仪式就开始了，但是这次是因为拆除工作以后，马上就接着进入新建工程，所以在解体工程开工之前，首先举行镇地仪式，祈祷工程期间施工安全。

我想把这场面也拍摄下来，于是在参加者的行列边按起快门来。参加者的人群中有位身穿艳丽和服的女士，我的目光与她的不期而遇。原来是老板娘，她今天穿的和服是带有光泽的纯丝布料，底色是由浓渐淡的茶色，小花纹间透染着一朵大菊花。

我停下手来，用眼神与她打了个招呼以后，再次环视了一下周围。这栋挤满人群的建筑，明天一早就要开始被拆除了。

镇地仪式结束了，我叫住了正要返回柜台的老板娘，她告诉我正式的解体工程要四天以后才开始。说是在这期间，热海本地的建筑工人将要入住，进行解体工程的准备工作。我拜托她事先告诉那些师傅们说，有人住在旅馆里要进行采访和拍摄，给大家添麻烦了。

第二天一早刚刚过八点，我就来到了现场，看到已经有一位师傅在作业了。他用一把类似铁制拐杖那样的拔钉子的工具在拆除一部分墙壁，然后目光又朝着壁龛柱子和水平支撑的横木。这种作业方式明显与一般的解体工程不同。

我简单地做了一下自我介绍。这位师傅名叫八木，据说他父亲是平田师傅的弟子，八木本身也与平田师傅去世以后的平田建设公司有着长期的来往。年纪大约四十来岁奔五十的样子，他不仅作为一名建筑师傅参加了平田建设公司较大的改建和增筑工程，而且还直接从旅馆承包了平时的修缮工作。如此巨大的建筑群，需要频繁地进行细致的修理和保养，每次都是由他负责的。

我问他接手大观庄的工作有多少年了。

“我吗？我工作的日子很短呢，就二十四年左右吧。”

他淡然的回答，更让我感到了岁月的分量。计算起来，正好是从平田师傅去世那年一直到现在。

八木师傅没歇手，不停地在进行作业。突然，我发现在他脚边的工具箱旁有一张报表纸。

“这张纸是……”

“哦，这是与平田公司的社长商讨后制作的一览表啊。”

他所说的这位社长应该是平田师傅的孙子、平田建设公司的第三代社长平田雅映。

“你这是在做什么呢？”

“建筑拆除之前，我先把木料取下来。”

“是为了解体工程顺利进行吗？”

为了使建筑物的解体工程顺利进行，在动力铲等解体工程使用的机械进入之前，要先拆下门窗，揭走榻榻米等，做好准备工作。然后，再将拆下来的东西装上卡车，与解体时产生的废料等进行一样的处理。

但是，我还没听说过，为了做好拆除的准备工作，要请八木先生这样的师傅呢。

“不是的，我们需要小心翼翼地拆下来，暂存起来的。放到后面的仓库里。”

用地的一角有一个方便工人做事的仓库兼工作室的房子，应该就是搬到那里去的。

“暂存起来，是准备用于新建的新馆吗？”

我内心有点焦急。

“是的，这个也有啊，但也不仅仅是为这哦。”

其实是这样。即使不用于这里的新馆重建，其他建筑总有需要使用这些材料的时候，在拆除之前，由师傅们先将旧木料完好无损地拆下来保存起来。

这么一说，我倒想起来了。开始来这里采访时，我读了平田师傅的半生记，其中提到了旧材料的使用，他谈了自己的想法，认为：

“根据所使用的地方，有的使用旧木料就足够了，而且使用旧木料还有很多好处。”

他不仅谈到了珍贵木材，还谈到了旧木料再利用的一般性好处，说：“因为旧木料已经很干燥了，不会再变形，而新的木料时间长了就会弯曲变形。”

没想到，漫不经心浏览的这段内容，来到这里才发现原来有着如此重要的意义。

1941 年建成的珍贵建筑将被拆除。刚听到这消息时，我以为所有一切将从这世界上彻底消失，平田师傅留下的宝贵遗产将被建筑机械拆得支离破碎，从此完全销声匿迹了。

幸好，结果并非如此。平田师傅经过仔细斟酌，精心挑选出来的木料再次被木匠师傅挑选出来，在肢解之前获得了解救。

两张报告纸是应该拆下保存的木材清单，按照使用场所和素材的名称，用铅笔在纸上写得密密麻麻的。将这些木材送到清洗建材的专门店，用药水洗得如同新木料一般洁净无垢。在不久的将来，当建造讲究建材的建筑物的时候，它们会被再次用上，这样就可以一代代地传承下去了。

之所以请那些手艺精湛的木匠师傅来拆除那些很有价值的木材，是为了将木材与木材之间的组合部分也原封不动地保存下来。并不是用锯子将木材两端锯下来就行，还要把隐藏在墙壁里的木材之间天衣无缝的连接部分也全部掏出来，小心谨慎地拆下，将各部分木料取出。因此，需要由技术熟练的木匠师傅来负责。

保存下来的不仅仅是木材，还有那些精湛的手艺。

我再一次在心里对自己说："平田师傅留下来的遗产并没有完全消失。"

光辉再现

我决定到了十点休息的时候再去找八木师傅聊聊。

"在木匠师傅们看来，这建筑的特点表现在什么地方呢？"

"要说特点嘛，那就是使用了天然木材吧。这是其一。没使用合成材料。"

"在木料上花了很多钱吗？"

"嗯，是的吧。这座独栋建筑需要保存起来的木材有很多啊。这些和那些都是，应该是榫卯吧。"

"榫卯？就是接口和接头吗？"

就是木材与木材连接时，为了将两端紧密连接在一起的精巧工艺。通过把凹的部分和凸的部分镶嵌在一起，将两种材料紧密地组合起来合为一体。根据组合部分的做工不同，榫卯分为好几种。

八木师傅点了点头，我又继续问道：

“只要看一眼木材表面，就能知道是怎样的榫卯了吗？”

“建筑物刚造好的时候，从表面看是看不出来的啊。究竟是没下什么功夫只是用黏合剂黏在一起的呢，还是精工细作用榫卯连接起来的，从表面是看不出来的。”

也就是说，是为了节约时间和经费，就用黏合剂黏结起来的，还是以精心制作的榫卯连接起来的，在刚建好的时候，就连内行也是辨别不出来的。

“要经过好多年，出现了隙缝、木料松动，这才会出现差异。精工细作做出来的活儿，经过多年以后一定会见分晓的。最能看清这一点的，就是在解体前像我们这样把它拆下来的时候啊。”

八木师傅脸上浮现出了温和的微笑，一边将这些珍贵的木材一件一件地拆下，一边亲眼欣赏着前辈们几十年前留下的活计。那微笑告诉我们，他乐在其中，其乐无穷。

“八木师傅，依您所见，在这间房间里，比如精工细作的部分是什么地方呢？”

“依我看啊，”八木师傅想了一下，指着壁龛上方的横木说，“您看那断面接口就是好手艺啊。只有像这样精心制作的房间才有的啊。”

只看横木表面，就是一块削得薄薄的木片贴在壁龛柱子上而已。但其实就是这看上去薄薄的部分透过榫卯镶嵌在了立柱里，其工艺就是让你看上去只有薄薄的一片。

当我知道这就是宝贵的工艺，于是赶紧用相机把它拍摄了下来，同时又感到一丝遗憾，因为这工艺只有在拆散的时候才能看到。

“本馆和东馆等，是否也有可以看到类似这样手艺精湛的房间呢？”

“这样精湛的手艺啊……”八木师傅思索着。

“比如，像这种接口什么的。”

“这种接口啊……叫吉野的那间客房里就有。”

“吉野？”

这就是前几天参观过的房间，和式和西式合二为一,十分特别。

“嗯，记得那间所用的木材和这间所用的杉木不一样，应该是白色系列的泰国柏木吧。”

“泰国柏木？”

“或是台湾柏木吧。”

当时我光顾了看楣窗，并未注意其他部分。

听我这么一说，八木师傅安慰我说：“要您留意这些，就太难为您了”。

“那房间有些地方的活计还是挺好的哦。不过，现在来讲，在意的也就是干建筑活儿的人吧。木匠师傅在意的就是榫卯接口吧，会凑近仔细看看究竟这活计做得怎么样。”

若是凑近仔细看就能看到的话，那我也在房间里到处凑近仔细瞧瞧，看自己能不能也发现点什么，哪怕一处也好。

突然，我发现了什么。套廊有一部分玻璃移门的门槛处镶嵌了一块与门槛本身用料不一样的木料。

“这，这是楔子吧。”

这工艺就是为了防止门窗滑动部件的磨损，在滑槽底部镶嵌一块质地坚硬的木材，橡木或樱木什么的。

“是，是的。您真是好眼力啊。”

“上个星期我有机会去看了高桥是清公馆，那里也用了这样的工艺，那里用的都是铁杉木料。”

“铁杉是进口的吗？”

“不是，好像是日本铁杉。”

“哦，那就是带粉红色的。”

“是比柏木还要高级吧？”

“也未必啊。因为柏木也分好几种。若是神代柏或是尾州柏之类油性较强的柏木的话，那要高好几个等级呢。不过实际上那很难弄到手的。”

“铁杉也分等级吗？”

“便宜的铁杉非常粗糙，用它来建造旅馆，那可就糟糕了。”

“日本铁杉的话，很多时候都会被用来建造这样的旅馆吗？”

“经常会用它来做柱子啊。这里有的房间也用了哦。”

“真的啊？”

“我记得西别馆的桃山、朝雾、东云这三间并排着的客房，用的就是日本铁杉吧。”

只是我自己没有发现而已，如今正在使用的各个房间里，也隐藏着好多精彩之处啊。

不，不，其实并没有隐藏着。

我再次想起了在南纪白滨对自己说的话。师傅们的手艺一直显现着，只是在静静地等待着发现它的旅客来访。

“要说刚才您问的有关这座独栋建筑的特点……”八木师傅好像刚想起来似的说道，“用的木料不是方木而是用了很多圆木吧。这位老爷子想必是考虑到保持木材的自然状态，尽量不做加工吧。”

或许，正因为是经常考虑到建筑物的用途、性质来选择木材进行设计的平田老爷子，才会为这座独栋建筑，而且是座茶室，进行如此构思。

“有效地利用旧的木材，正是平田师傅的风格。虽然要花费很多功夫，但优质的东西就是好啊。还有啊，若是没了乐趣，就干不好建筑这份行当。这也是平田老爷子的风格吧。”

我一边饶有兴趣地倾听着八木师傅通过建筑物对平田师傅的评价，一边深深地渴望能够当面聆听平田师傅的亲口叙述。

然而，这已是难以实现的奢望了。既然如此，是否至少能从与平田师傅有过接触的人那里了解到有关师傅的故事呢?

有个说法：所谓我是在平田师傅手下做过学徒的“平田门生”，这块招牌好像曾在建筑行业获得过很大的信赖。但是如今，曾是平田门生的木匠师傅们也都被像八木师傅这样的儿子辈所替代了。也就是说，知道平田师傅的人或许也都不在人世了。

若是建筑行业已经没有人能讲述与平田师傅接触的往事，那么委托他设计建造的客户们是否还有人在呢?

罕见奇人
——芦原温泉·鹤家

认识平田师傅的人

这是一家总能令人宾至如归的旅馆。

白天的摄影工作告一段落回到房间，客房服务员就会一边说“您辛苦了”，一边送上热毛巾和茶水点心。这家旅馆负责接待的“接待员”是一位名叫惠子的女子，据说她在这家具有代表性的、名叫鹤家的旅馆老店工作，已经有十多年了，她还负责培养新接待员的工作。

正品尝着甘甜的点心，从隔扇后面传来了沏抹茶的声音。在套间设有约一米宽类似壁龛的茶室，用来沏茶。昨晚到达旅馆的时候，也听到隔扇那头有使用茶筅的声音，感到了这家旅馆的待客之道。想必这种设计也是负责建造这家旅馆的平田雅哉的构思吧。

不同旅馆各有不同的迎客茶的沏茶方法。若是客人刚到，就在玄关处端上抹茶来，那也是挺突兀的。若是在房间里，当面看着接待员用热水壶向茶壶里毛糙地倒水冲茶，也颇感扫兴。这家旅馆总是将这些事情放在心上，所以就想到了这个方法，客人们也很乐意接受。

为我这类在房间放松放松，然后就执笔干活的人，他们在衣装盘里也准备了除浴衣以外的衣服，让人感到很贴心。

突然，我的目光停留在了衣装盘上。里面还有另外一件衣服，那是我出门时脱下来丢在里面的，还有袜子，都被叠好放在里面了。这是打扫房间的服务员的周到用心，令人感受到了一流酒店的服务。

在拍摄之余，我从上一任老板娘“老姐”那里听到了许多有关平田师傅的奇闻逸事。

我在南纪白滨拍摄了万亭，在热海拍摄了大观庄，在拍摄完了平田师傅建造的别墅茶室的解体工程以后，我还去过平田师傅建造的有代表性的旅馆逗留。如保留在城崎温泉的西村屋本馆，和大约五百米开外建在车站附近的新龟屋。我还想去在吉野的东南院宿坊住住。在这三家旅馆，无论是玄关还是客房，都能看到平田师傅特有的手艺。面对各家旅馆中留下的件件平田师傅精湛手艺的木刻作品，我赞不绝口。在西村屋本馆贵宾室“观月”中有这样一种设计，就是将池水引入了高高的地板下面，在其他房间也可以从这地板看到贵宾室专用庭院中的灯笼照射出的亮光，有一种朦胧的美，看得我不由得入了迷。由花棂窗、纸拉窗、防雨套窗以及缓缓下斜的直线形屋檐所构成的新龟屋的外观，给我的印象就好像是在欣赏皮特·蒙德里安（Piet Cornelies Mondrian，1872—1944）的绘画一般。

但是很遗憾，在这三家旅馆都没能遇见认识平田师傅的人。与平田师傅齐心协力建造这些建筑的人都是目前公司经营者的上一辈或是更上一辈的人，都是爷爷辈了。也就是说，要想了解平田师傅，只有通过传闻了。

没想到在这里，保留在福井的这家旅馆鹤家，上一代的老板娘虽然已经把经营管理的工作交给了下一代人了，但身体仍然健硕，经常会来旅馆看看。这位老板娘（吉田富美子）对当年委托平田师傅设计及施工的事情，以及之后负责建造的事情了如指掌。

拜访前，我心里充满了期待。而现在，了解到的情况超出了我的期待，令我感到心满意足。听着老姐如数家珍地讲述各种饶有趣味的故事，我频频点头，不知不觉四个小时竟然瞬息而过。

晚餐时间到了。不用推车，而是一道一道地把料理端上来，这是这家旅馆的讲究。

惠子小姐一边给我斟酒一边说："这是'黑龙'吟酿酒。"这酒是老姐推荐的，让我一定要尝尝。

"您属于能喝酒的吗？"

"我是不能喝的那一类。"

"啊！是嘛！"老姐优雅地一笑。

借着还有几分醉意，我又埋头于没写完的书稿。

我开始着手把从老姐那里了解到的内容，按照自己的思路整理，写成稿子。

虽说是采访，但是面对第一次见面的女士，突然请她谈往事，也不可能谈得很深吧。这么一想，我就请她带着我一边逐间参观平田师傅建造的客房，再一边询问哪些地方是精彩之处。

我反复回味着那些老姐后来介绍的奇闻逸事，沉醉在了一种奇妙的心境中，就好像自己很多次见到了平田师傅一样。

那么，下面我们来一起听听老姐讲述的奇闻逸事。

甘愿为其弟子

我最喜欢的客房是“吉兆”。因此，那间客房我都尽量空着不用，一直珍惜爱护着。

当然，我也很喜欢“观月”的，尤其是观月台上的栏杆，那是用斧子把栗木“乱砍”而成的。若不是手艺极高的木匠师傅，那活计是怎么也干不来的啊。壁龛左侧是用一整块松木板做成的，平田师傅对那房间特别用心，费的功夫最多了。那里是一位叫前原的师傅负责的，经常听平田师傅叫唤着：“前原！前原！”

特别房间“大观”，按照平田老爷子的话来说，那不是房间，而是宴会厅。隔壁原先还有一间很漂亮的客房，叫“清水”。不过，现在已经作为茶室被改装到了“大观”里面。

这里和玄关，还有再进去以后的左面，您都能看到一排排的玻璃花棂窗吧。平田师傅在那上面不知道花了多少日子呢。

一开始我不明白为什么要在那里花这么多日子，曾经还站在那里仔细地观看了好长时间。原来，并排在窗子上的玻璃柱断面不全是正四方形，而是形状各异的。柱座的灰泥部分是用手灌进去做成的，这活儿一般人可干不了。就说茶室吧，您看不是用北山圆木竖立在石头上的嘛，须把圆木断面切削得正好适合石面。两者是一样的做法，所以能紧紧地扣住，纹丝不动。要说手艺精细，那真可谓精工细作了吧。

老爷子做的活计，我还有一个印象深刻的就是客房“春日”了。那楣窗的桐木板上雕刻的红叶，是老爷子亲自起草画稿，最后还用了丙烯涂料。没想到他居然还会做这样时髦的事情，这位老爷子！

您看，楣窗下的小壁橱也很考究吧。贴着淡黄色无纹纸，但是在纸表面贴着的可是布料哦。是将彩绘布料剪成一条条的，竖着贴上去的。就是门把，他也要制作成舞鹤的形状，总之，什么都要亲自设计，不然就不满意。

客房“朱雀”楣窗上的蔓草花纹雕刻，也是老爷子自己刻的。楣窗下面的隔扇用的也是淡黄色无纹纸，他亲自将旧布料剪下来以后再贴在纸上，做成蔓草花纹。我觉得他是一位真正的设计师啊。因为这样做出来的东西，就是他自己特有的，在这世上，甚至在全世界独一无二。

工人们都正干着活儿呢，有人四处通知大家说今天老爷子要来。据说，若是老爷子来，那么今天就一定是吃牛肉火锅，所以赶紧差人把牛肉买回来。

不一会儿老爷子来了，来到作业现场，突然发起火来骂道："这是谁干的活儿？"老爷子的公司不是用电刨来刨木头的，全部是用刨子手工刨的。老爷子看到刨好的木料说："这样刨法的话，木料都在撒娇说挠痒痒呢。给我把屁股撅起来！"一边说着，一边对准那工人的屁股就一脚踢了过去。那可是真踢哦。我在旁边看着都觉得疼呢。

前不久，白天有一位叫池田的师傅特意从九州过来。那时负责我们家工程的有不少工人，他当时在里面算是年纪小的。当然现在可是大师傅了，应该有六十多岁了吧。他看了二楼的宴会厅"黄鹤"以后，深有感触地对我说："老板娘，那时我们可受累啦。您看，那宴会厅的天花板弯得像鱼糕那样鼓鼓圆圆的吧。"当时工人们问老爷子怎么才能将它弯成这样，据说老爷子只回了句"这得你们自己想办法了"。有的人说在厚厚的木板上画上弧线然后铲削，好像工人们想了很多办法，而老爷子只是用一整张木板像制作竹器工艺品那样把它弯过来，就成现在这样了。平田师傅干起活儿来，即便是如此大的工艺制作，也不是在工厂里进行的，而是在工程现场，当场就干。

站在我身边的池田师傅说："为此我们都惭愧得要哭了。实在令人怀念啊。"他说着说着，一边抚摸着宴会厅的柱子，真的掉起眼泪来了。池田师傅个子不高，是个老实巴交的人。他说老爷子虽然走了，但真的很想念他啊，若是不喜欢老爷子，就当不了他的徒弟。

他还说，老爷子待他们都很好，但是严厉的时候真的是非常严厉，他们这些徒弟真的是很受累啊。

讲究有好有坏

我（老姐）1925年出生在大阪一家做印刷生意的家庭。鹤家旅馆最早的老板娘就是我的婆婆，她是在1948年福井地震中去世的。旅馆这种生意，若是没了老板娘就没法做下去，于是我父亲的妹妹，也就是我的姑姑嫁了过去。后来就谈到了接班人的问题。我说了我可不行啊。但是过了一个星期左右，我本打算是去温泉疗养的，结果硬是被带到这里，并且把当时还在东京的学校读书的我“丈夫”也叫了回来，在我毫不知情的情况下算是相亲过了，接着就嫁了过来。那年我二十五岁，我丈夫比我小六岁，才十九岁。因为地震灾害的原因，我们的婚礼并没有在芦原举行，而是去了京都的八坂神社。婚宴摆在了中村楼，新婚旅行去了岚山。那是1950年11月23日。1951年我生下了长子，1953年又有了第二个儿子，1955年有了女儿。

旅馆是在明治十七年，也就是1884年创建的。刚嫁到这里的时候他们告诉我说，这行生意得全部由女的说了算，男的不可以多嘴。去世了的前任老板娘生前说要建造竹子的客房，所以买了很多竹子，院子里还摆放着秋田杉树的木料。经营旅馆的女人必须懂得建造与修葺。我也想要一个不同风格的澡堂，看到别处都是传统的澡堂，于是就在前院建造了一个全部使用大理石的澡堂，还建造了沙浴场。

介绍平田师傅给我们的是为我们建造澡堂的大阪难波一家瓷砖商。他问要不要给我们介绍一位不错的木匠师傅，然后就把我带到位于日本桥的平田家里，就是现在的平田建设总公司。那天老爷子不在家，他夫人给我们沏了茶，我们跟夫人说请转告平田师傅我们下次再来，然后就回来了。没想到不久就收到了平田师傅的来信，信上说他也很想见我，还想看看旅馆的情况。于是，我回复说想来的话，若是正好有事情来这边，就请顺道过来啊。如今，从大阪来这里坐特快两个多小时就到了，那个时候坐快车也要六个小时呢。他和专务两个人坐车过来了，是我陪他们参观的。我们这里自从1884年建成以后，一直“平安无事”保持了下来，所以每个房间都不一样，有的固定框格隔扇上还有木制的蜘蛛等，客房“波”的拉门棂格还做成了波浪形。

平田老爷子看了这些建筑，竟然一脸的鄙视，说什么“讲究虽说没错，但令人觉得可憎，弄得像花街柳巷似的”。

我听到他说“花街柳巷”一词，心里咯噔了一下。因为我自己内心也不喜欢这种生意。

当时那里正好有五位客人，还叫了五位艺伎来。当时的社会就这样嘛，因为《防止卖春法》（売春防止法）还没有出台。所以，听了老爷子的话，我觉得好像自己做的是极不光彩的买卖。

开业前夕

老爷子回到了大阪，接着又来信叫我去大阪，说是带我去看看他的作品。于是带着我看了洗心亭、金森家以及很多高级料理店。金森家离大阪车站不远，就在渡边桥，虽然被夹在了高楼大厦中间，但进去以后感觉很清静，入口就像京都式的长长的门廊，穿过门廊，看到左边挂着暖帘，掀起暖帘进入里面，有一个地炉，简直就像是一所村屋。老爷子指着入口处让我往上看，我往暖帘的上面看了一眼，原来那里有一个燕子巢。那可是老爷子用木头雕刻的哦，燕子巢做得栩栩如生。

我觉得妙极了，心想他那灵感是来自何处呢？

就这样，我学到了不少东西啊。老爷子家里有许许多多博物馆的影集，他还对我说喜欢的话就拿去吧，于是就给了我。自此以后，每当他完成一份设计图，都会带我去各处看看。

为我们设计的建筑真的都很别致。您看，到围墙就那么点大的面积，放置了一尊用花岗岩做成的四方形洗手石盆，再从那里引水作为溪流，旁边种上墨绿色凤尾草，还放养了鳉鱼，真是讲究了又讲究。不过那也是理所当然的吧，因为请他做事就得把银行存折交给他，也不做预算，按件计价，花多少付多少，反正老爷子想怎么弄就随他怎么弄。

所以说，他为我们建造的都是当时比较时髦的。打造了一间名叫“花月”的带卧床的客房，墙壁都贴上了桐木板，然后在上面用景泰蓝做成大大小小的蝴蝶。用镶嵌工艺把蝴蝶镶嵌在黑漆桐木板上，蝴蝶就好像在轻盈地飞舞。可不是紧紧地贴在木板上的啊，而是做成翩翩飞舞的样子哦，真的十分雅致。

到建筑工程完成大约百分之九十九的时候，老爷子一直使用最早建好的客房“凤尾草”。他在那间客房里对我说：“老板娘啊，你来看。知道这是什么吗？这是一整块铁杉的蟹木板，要好好保护啊。这可是很难弄到的哦。”所谓蟹木，就是木纹像蟹壳那样的木料，确实非常美。

做木材生意的老板看了我们的房子对我说："你这里的做工实在太好啦！”隔壁那家同样是明治时代创建的化妆品店老板也说："太漂亮了，就像绘画一样。”那当然啦。我们用的瓦可是京瓦，都是线条笔直的瓦啊。人人见了都直夸："真漂亮！真漂亮！”

然而，就是这已经完成了百分之九十九的漂亮建筑，在即将开业之前，被全部烧毁了。

由棚屋从头再来

那是发生在 1956 年 4 月 23 日的事情。

早上六点左右，车站前着火了。“着火啦！”街道中响起了叫喊声。听到叫喊声，我心想，我们家离车站有相当一段距离呢，绝对不会烧到我们这里的。但是，因出现了焚风现象，火势一下子猛烈起来，我们家以及化妆品店全都被烧毁了。只剩下了有乐庄、灰屋、松风园等三家。

当时，我们家的工程已到了最后的装修阶段，只有四位工人在屋子里。老爷子经常教导他们说木匠工具就是自己的生命，所以一听说我们这里也危险，他们就把自己的木匠工具丢进了庭院中的水池里。

然而，我们家就像传说中“着火时，抱着枕头逃命”那样，没带走任何贵重物品，整个全被烧毁了。从祖辈开始就有收集古董的爱好，甚至每月都会在宴会厅举办一次古董展销，可是这些古董也都被烧了。

仓库倒是有的，装有保险柜那样的门，还上了锁，里面还有一扇拉门。上了二楼有一间隐秘的房间，房间里还藏有伊达政宗的书法等，也都被烧掉了。都说如果有仓库就没问题了，可我们在仓库里面安装了一盏电灯，火就是顺着电线烧进去的，仓库里的东西也全都被烧毁了。虽说着火时得切断电源，但谁都没有想到火会往仓库里面去。仓库里面可全都是好东西，黑檀木的家具等，也都全部被烧了。最主要的是这建筑，辛辛苦苦好不容易刚建好，被烧得一干二净啊。

我当时也只有三十一岁，还带着两个男孩，抱着一个出生刚满八个月的女儿（也就是现在的老板娘），无家可归。老爷子也是听到了突如其来的火灾，马上就从大阪赶了过来。工人们平时面对老爷子都怕得瑟瑟发抖，但这时候，老爷子却像母亲般温柔。他说："小子们，虽然出了这样的事，但只要命保住了就好啊！"

过去的老板都讨厌参加保险，所以生命保险和火灾保险等也都不愿意加入。我总算万幸，有一位曾经在与我们有往来的百货公司跑外销的人，辞掉了百货公司的工作，自己成立了保险公司，那人劝我说，是否就先参加一个一百万日元的保险吧，于是我碰巧就应从着加入了。房子、贵重物品全都被烧掉了，就剩下了这一百万，勉强可以在之后重整旗鼓的一年中养家糊口了。

说是养家，其实住的地方就是在仓库的石墙上支一个屋顶，屋顶和四壁都是用白铁皮做的，我们一家人再加上七个工人，就住在这样的地方。连用木板做墙壁的工夫都没有啊，就盼着能尽早完成工程，哪怕早一天也好。孩子们就是在刮风都会把沙子刮进来的工棚里生活的。

做工程的资金都是借来的，向银行借钱，这还是第一次。平田公司也没急着要我们支付工程费。大阪的老爷子家，我也去了不少次，在开业时，壁龛里挂的画轴，好多都是老爷子给的。他总说："你啊，就把这拿去挂着吧，就把这带回去吧。"

不能被人笑话

而工程方面，平田公司的进度拖了再拖，实在令人着急啊。惨淡的重建，我们家是最早举行镇地仪式的，结果完工却是最晚的。花了一年半的时间，只是现在规模的中间部分，也就是西本馆和"大观"总算可以营业了。隔壁那家的工程是清水建设承建的，混凝土搅拌机等现代化机械以及工程车等都用上了，工程进度飞快。而我们与别人不同，平田建设也不是什么大公司，他们按传统方式，将水泥倒入铁桶里，由工匠自己肩扛担挑的。而且，在还没有完全做好的时候，来参观的人看到那细细的柱子都说，那样的话，台风一来，一下子就被吹跑了啊。

老爷子不喜欢碍手碍脚，房间也是尽量控制高度，做出平稳的感觉来。来我们这里的客人都说不知为何，总能感到平心静气。

这可能是因为天花板做得较低，显得柱子和柱子之间非常宽敞的缘故吧。拉门的框格也是做得很细很细，太考验做拉门的师傅的手艺了。

就是摆放在庭院的一块石头，从石头到青苔等，他都要亲自去购买。由于火灾把石头都给烧坏了，感觉就像是被战火烧过一样。因为我在大阪时经历过战争，知道如果火烧得不是很厉害，石头是不会被烧坏的。院子也是祖辈留下来的，在被烧毁之前，每一代人都说要好好保护。据说，我那过世了的老婆婆，都是用镊子拔杂草的，可以想象她对庭院是何等重视啊。这庭院，都是老爷子亲自去石料铺挑选的，还从京都请来了名叫井上的造园师。

木料也是，别人家建造房子用的木料都是火车运来的，而我们家因为由小型建筑公司施工，而且又有很多名贵木料，所以全部是用卡车从京都运来的。清晨三四点钟到达后，卡车司机告诉我说："跟您说，昨夜装木料的时候，平田公司的师傅还帮手装货了，然后，当我们正准备出发时，平田师傅对我们说'你们路上要小心啊，木料弄丢了还有，丢了性命就没有啦'。他还拿出红包给我，并说'这个你们拿着，买点什么，在犯困的时候吃'。"卡车司机很感激，还说："那样的人很少见啦，真是比女人还细心。"平田师傅为人真是有情有义啊。

工程中最难做的就是二楼楼梯处的花棂窗。在火灾以后，经过重建，明天终于就要开业了。老爷子从大阪赶来，一看，大声喊道："喂！"工人不知他在那里喊什么，就跑了过去。"这是谁干的？！"他十分震怒地喊，"佐佐木！佐佐木！"这位名叫佐佐木的师傅手艺也十分了得，我觉得没有人比他的手艺更好了。花棂窗是用细细的竹子制作的，做工非常考究，天然烟熏成黑褐色的细竹，只取其表皮。黑褐色的细竹子是很难弄到手的，佐佐木满以为自己已经很努力，做到最好了。老爷子说，花棂窗要用珍贵材料，有一种叫作芽接竹的很细的竹子，就是刚刚抽芽时的那种竹子，然后再用蕨菜绳子绑起来，这才是正规做法。他还说，而现在弄成了这样，就是冒牌货，于是便大声喊道："把锯子给我拿来！"要把这非常漂亮的花灵窗锯掉，全部重做。

我忍不住从后面拉住老爷子的西装，请老爷子息怒，说等明天过了以后再重做吧，明天可是重新开业的日子。突然，老爷子满脸怒气转过头来，对着我说："你也许觉得很好，我可是要被人笑话的啊！"他根本不听劝说。结果还是拆了重做，就是您现在看到的这窗户。那老爷子真就是这么做的啊。

于是，公司专务藤原先生，还有经理们都劝老爷子说："老爷子，您就适可而止吧。要不，大家都吃不消啊，平田建设得破产啦。"老爷子却说破产也没关系，那是我的公司。他自己想的都是预算之外的，一点也没有考虑到钱的问题。

他好像与著名建筑师村野藤吾先生等都有交往，他们都说："真不敢相信，长着一副凶神恶煞的脸，满口脏话，经常怒骂工人，居然能做出如此雅致的作品来。"

秉性好客

老爷子给我的最初印象，那可是令人相当害怕的呀。人长得又高又大，嘴里一直叼着卷烟，但是酒却喝一滴都不行，喝了马上就满脸通红，就像奈良咸菜。

书中的肖像照片基本都是穿着西装的，但其实他平时很少穿西装的。我去老爷子家里的时候，他都是穿像抬神轿的人穿的那种半短裤。

有年夏天，专务先生告诉我说就是前一天的事情，老爷子坐那里，跟平时一样穿了条半短裤，上身赤裸着，嘴里叼着卷烟，并没点火吸烟，正与来客交谈着，突然警察打来电话说，门口停着的高级轿车属于违反交通，请老爷子处理一下。专务出门去看了看，然后请客人把车子移动了一下，进门时问那客位人要了张名片，才知道这位客人居然是大阪大学的校长，大吃一惊。但是，那老爷子可是赤裸着上身哦。据说是因为他讲的东西实在有意思，很多名人都愿意来听。

日本舞蹈界元大和屋的著名艺伎武原小姐也是平田师傅的粉丝。平田还拿着领带得意地对我说："这是武原小姐送我的哦。"

不过，他可是连领带都不会打的。那次皇族梨本宫家请他建造茶室，老爷子乘坐新干线去东京的时候，他笑着对我说："你知道吗，我可从来没有打过领带，临出门，是我家女人帮我打的领带，她还叮嘱我说，拿下来的时候要轻轻地拿，然后挂好，第二天再挂到脖子上。"

老爷子称自己的太太时，不叫“内人”或“老婆”，而是叫“女人”的。老爷子有事叫太太，就喊：“喂——”太太无论在什么地方总是得先回答：“在呢！”

有一次夏天去老爷子家，身材瘦小的太太给我换了好几次茶水，每次我都不想去看她的手腕，结果都不由得看到了。因为夏天那么热，他太太手腕上总是裹着绷带。我问老爷子为什么，他说，我家女人惹麻烦的时候被我抓着发髻拖来拖去，还在她手腕上弄了刺青，她裹绷带是为了遮住那刺青。我问他刺了啥，他说是“平田专用”四个字，真是又可气又可笑。一般男人都是刺上自己的名字说“某某是命根子”。

老爷子说，虽然这样，但自给她刺青以后，他从未对她动过手。老爷子说他自己也做了不少坏事呢，比如说来了位漂亮的按摩女，他也会调戏她。他说话时的用词都是很古老的。

昭和的左甚五郎

平田师傅对于我们这些晚辈的年轻人也不怠慢，我带着孩子去他家拜访，他为我们叫的寿司也都是高级的。老爷子家砌的地炉，巧妙极了，如今看来更是奇妙无穷。上面有一个吊钩，吊钩的绳子上还挂着一串老爷子用木头雕刻的沙丁鱼，据说曾经有猫去扑抓那沙丁鱼呢。

老爷子还被誉为昭和时代的左甚五郎。他擅长木雕，在大阪的百货公司松坂屋办过好几次个人作品展呢。把他家盛放米的竹篓子翻过来一看，上面有一只青蛙，漂亮极了，竟然雕刻得惟妙惟肖，实在令人惊叹。

他还送了好些木雕给我们。雕刻作品差不多都是在他自己家刻的。不过那些细小的沙丁鱼则是为了我们家的工程，在来这里的路上刻的。刚上火车，他就哗地围上围裙，马上就雕刻起来了。以前的北陆线，列车上没有乘客专务列车长，都是小青年。他对小青年说，对不起啦，弄得一地垃圾让你打扫，然后给对方一点小费。从福井站到芦原温泉站，现在只要十二分钟，过去也用不了多长时间，但是老爷子以为从福井到芦原挺远的，一门心思在做着雕刻，直到同行的专务提醒他说“老爷子，芦原到了哦”，他才收手。而雕刻好的那些珍贵作品，全都留在了我们家。

说起他的雕刻，您知道热海不是有家大观庄吗，那里原来是中山悦治的别墅，战后改建成了旅馆。那里的客房都很分散，可怜女服务员们有时候得撑着伞端送料理到客房。老爷子十分同情她们，说真是太可怜了。而旅馆好像是占了整个山头，非常气派，草坪斜坡一直连到山顶。财政界的上流人士都会去那里，如今估计有了很大变化吧。老板是一位名叫尾崎的，曾经来过我们这里，这大观庄可是在大阪设有总公司的，他也经常去平田建设。老爷子也经常提起中山悦治的大名，说他自己还不是很有名的时候，中山悦治把建造别墅的工程交给了他，对平田师傅来说，中山先生也是其恩人之一吧。

老爷子说大观庄女掌柜的儿子考上了庆应义塾大学，不过，那是聘来的女掌柜，工资很低，也挺可怜的。所以老爷子就拼命地雕刻了几十个沙丁鱼送给那女掌柜，并对她说摆在小卖店里可以赚点零用钱。虽然他帮着女掌柜，但那并不是为了贪图什么女色哦。老爷子只是觉得她可怜，所以尽力去帮她。

要说，老爷子建造的房子也有缺点，他用的瓦是京都有名的大佛瓦，虽然看上去雪白光亮非常漂亮，但是不耐雪，一下雪就不行了。

在接我们的工程之前，老爷子带我去过大阪的一家料理店。那里的老板娘就对我说："你呀，请平田公司做工程没问题，等造好了，看着觉得挺不错挺漂亮的，可用了一段时间，门楣正中间就会塌下来，真的哦，只好又重新往上吊。"木结构房子，并排着有好几间，又想要造得不对称，还不想有很多柱子，要看上去不挡视线。您看我们家的玄关，塌得厉害吧。这么多房子，而且又是木结构的，那是挺难的啊。

怎么说呢，移门拉窗的格棂等，就是从那时候开始比较现代化了。直线啦，横线啦，还有安装格棂的方法，等等，都不像过去那样了，技术都很高明了。

同样凭借茶室风格建筑出名的还有吉田五十八，可能老爷子一直对他挺介意的。吉田先生给京都的冈崎鹤家造房子，是老爷子告诉我的，他说："吉田先生在给鹤家造房子呢。那些人到底是很了不起，都是大学毕业啊，和我不一样。"

老爷子没读过书啊。小学不知道读到几年级，可能是三四年级吧，反正小学只读了一半，因此就拿不到一级建筑师的资格，没有建筑师资格也就不能做设计。平田听说藤原师傅师兄的儿子大学毕业，有一级建筑师的资格，于是就成立了平田建设，请他来担任公司的专务。

家传秘方

挂在洗手石盆上的四方灯也是老爷子模仿著名陶艺人鲁山人的作品制作的。走廊的烛台还有房间里的镜台，都是老爷子自己设计的，镜台还都是在京都的店铺上的漆呢。那店铺曾为美智子皇后置办过镜台，光是大大小小的抽屉，就有三十多只呢。

要说舞台后面的绘画，一般都是画三段松树的吧，但老爷子却说，那感觉就像农村的戏台，太俗气了。于是他就对画师说："先生，您还是先去东寻坊[1]写生吧，把那里的小松树画回来。"京都有家高级料理店，门上有绘画，原色木板上是一幅刻着大萝卜的画，用绳子吊着一直挂在那里，那就是老爷子的手笔，将木板薄薄地雕刻一层以后再请画师着色。像这样帮助刚出道的画家的事情，他还做了不少呢。

也不知道有几十次，工人们都一起住在平田师傅家里。老爷子照顾着从小培养起来的弟子，该骂的时候狠狠地骂，但对他们的关怀无微不至，真是胜过自己的亲生孩子。

---

1 东寻坊，日本海沿岸的一处山岩峭壁，位于日本福井县坂井市，属于越前加贺海岸国定公园的一部分，是日本有名的"自杀圣地"。

这么说来，我们这房子建了也有几十年了吧。给他打电话时，他总说想来我们这儿呢，可心里害怕。他也有所耳闻，惦记着我们究竟发生了什么样的变化。其实，我们的庭院已经完全变了样。虽然尽可能忠实地按照平田建设为我们建造的样子去做，但也没办法，隔扇什么的都得换新的。

总之，平田建设建造的屋子，如今若不改装，按照原来那样就不能用了啊，必须要添置电视机和冰箱。还有暖气，因为以前是用火盆的，这得换成有制冷制热的空调机。若是像吉兆家那样的高级料理店的话，那老爷子也会在天花板上安装空调机的，据说会弄成让人不知道风是从何处吹来的样子，要是旅馆也弄成那样，我可就吃不消了。

吉兆的本店之所以一直能保持整洁漂亮，那是因为经常请人来清洗打扫的啊。专做清洗工作的，还一定得是京都人。据说是因为清洗用的液体是家传秘方。那洗得确实是干净，就像崭新的一样。他们在下面铺上防水布，架上双脚梯，就用竹刷子清洗天花板。不掉一滴水，就这样轻轻地一抹，刷！刷！刷！轻轻一抹，刷！刷！刷！

所以与平田建设有生意往来的清洁公司、造园公司以及墙壁装修公司，价钱都很贵哦。这也应该的吧，都是高水平手艺，因为老爷子要求多，很挑剔的。造园师设计的树木配置，老爷子也会进行修改，他会说这里还有这里，不是应该这样吗？造园师也说，碰到这老爷子实在吃不消啊。

如今，我们这儿每个房间里都摆放着各种各样的东西，可刚开始都是空空荡荡的，看着就心情舒畅。以前我们也很讲究，即便是一张桌子，也会花很多钱去买涂漆进行涂装，而现在全都一定要用较轻的、中间空空的那种桌子，为了让服务员轻松些。

屋顶也都重新铺葺过了。为了重新铺屋顶，花了几千万日元呢。每当这时，我都会对现在的老板表示歉意，说对不住她啦。

祖辈们可是省吃俭用才把生意做到了现在这规模，我们这里大约有四千五百平方米，曾经一度被全部烧毁，好不容易重整旗鼓到现在。正因如此，我们一定得保持下去。

人死了一切都完了

我娘家是做印刷生意的。我父亲喜欢艺术、歌舞伎，每天会买站票去看，他就是这样一个人。他自己爱玩，对旅馆经营却充满歧视，说那是接客行当。我觉得小时候接受的教育对人的一生还是影响很深的。

到现在我都讨厌别人叫我旅馆的老板娘呢。这一带，大家不叫老板娘而是叫“老姐”的，而且称生意做得比较大的旅馆老板为“WANSAN”，就是方言“大哥”的意思。但是在芦原温泉，最后被大家称为“大哥”的只有我丈夫、五丁目的开花亭老板以及隔壁化妆品店老板这三位吧。现在大旅馆的老板，大家都叫“老板”，就是不愿意叫“大哥”。

您知道有一位叫岛津久子的老太吧，都一百零六岁了，还是很健硕。我第一次在京都见到岛津先生时，我说我是做奇特古怪的旅馆生意的。我是想说话谦卑一点的，可被她骂了一顿。她说："你瞎说什么啊！"之后，岛津先生到我们这里来住过很多次。

也有其他很多名人来我们这里住过。来我们这儿的相声艺术家都是关西地区的，有桂春团治师傅，有喜剧表演的坂田利夫师傅等。我名片上"吉田富美子"的名字也是请东大寺的第二百零八代主持清水公照老和尚写的。我一直觉得能有如此善缘，也是多亏了平田建设。

我自己也是多亏请了平田建设为我们建造，学到了不少相关知识，比如材料呀，摆设啦，门窗啦，还有北山圆木啦，壁龛的天花板啦，套廊的屏风等。一般的师傅都会省工减料的地方，他特意用一根根的竹子来做。如今就是用春日杉木做清一色的天花板，都要花好几十万日元呢。现在宴会厅的幕帘也是由京都的龙村（美术纺织）做的，这也是多亏了平田，教给了我很多良好趣味。

灯笼就是一个例子。我们有一只坐地灯笼，像是京都俵屋（后述）的商标。我知道在进入俵屋门前的石板路处，有一个很大的水潭，有一排应时的花草，旁边静静地矗立着一只那样的灯笼。为了找这种灯笼，我去了京都，但是没找到。我就想，那也不能就这样空着手回去呀，正好看到在祇园左边有一家叫作时代屋的商店，于是就走了进去。一眼就看到了这只坐地灯笼，就问能不能把这卖给我，店里的人就答应了。现在还放在客房"鹤"中呢。当然都已经生锈了，应该是明治初期或是江户末期的东西，就这么一只灯笼，也花了我好几十万日元哦。

前不久，黑龙酒造株式会社的老板过来，进了那房间就嘱咐我，让我一定要小心爱护这灯笼呢。平田建设做的活计，懂得的人一看就明白。现在我丈夫也去世了，我也活不了多长时间了吧，所以觉得若不好好爱护就可惜了。

在平田老爷子很晚年的时候，我去他家，他说：“我啊，自己的座像，不准备用照片，想要自己雕刻呢。”他说着就拿出来给我看。

据说是请摄影师来家里帮他前后左右拍了很多照片，然后他一边看着照片，一边雕刻出自己的座像。他就是这样的人啊。

他说，人死了就啥也没有了，只有自己做的东西还留在世上，自己啥也带不走，所以至少给自己留下个座像吧。

过了几年，就听说平田师傅好像住院了。又过了一阵子，有位经理给我打电话说：“老姐，能不能请你到大阪来一趟，老爷子快不行了。”于是我赶紧跑去大阪看望他。到了那里，老爷子却一直面朝着墙壁，不愿转过身来看我。

可能是不好意思吧，他还是挺爱面子的。看着他瘦弱的背影，既感到有些寂寞，又感到些许悲哀。

结果，这成了我见老爷子的最后一面。

常吵架朋友的致悼词

到了葬礼的那一天，请了与老爷子关系最好的朋友吉兆家的老板致悼词。

那悼词可忘不了哟。

“平田！我们可吵了架啊！”

就是这样开场的。接着又说：“怎么你先走了呢？”

吉兆家的老板也好，或是请老爷子建造热海别墅的中山悦治先生也好，又或是其他日本料理店的老板以及旅馆老板等，一定都与老爷子吵过架吧。但是我想，在他们内心深处与老爷子一定都是相通的。老爷子这人就是有着这样一种难以名状的魅力。

我想他这一辈子活得很有意义。

我觉得他是一位世上罕见的人物。

1980年12月19日下午4点50分，平田雅哉逝世，享年八十岁。

万亭

左页上　将酒店风格的设计巧妙地融入和式旅馆的玄关前台。脱鞋处的地板是用整块木板制成的。墙壁用的是松木板，从三面围住天花板照明

左页下　引导来客走到入口处的台阶。直木纹天花板吸引了到访客人的目光

右页左　客房“竹”。壁龛的地板和天花板都是松木合成板

右页右　客房中弧形墙面上贴有马赛克瓷砖的浴室

万亭

左页　1956年建造的独栋宴会厅“浜木棉”。是平田师傅独立以后设计并建造的第一个旅馆作品

右页　从“浜木棉”主房间看到的套间。里间还备有茶具洗涤处，还可在这里举办茶会

大观庄

左页　本馆正面入口。保留了原来的别墅风格
右页　由西馆俯瞰厚重瓦葺的建筑群。最里面是本馆，其前面是南馆

大观庄

连接本馆与南馆的廊桥。途中设有休息区。屋檐外伸约一米，柱子等是扁柏圆木。横梁、支柱和扶手用的是不规则切削工艺

大观庄

左页上　本馆客房“大观”的书院楣窗上的花菱风格的图案
左页下　用不显眼的丙烯酸树脂做竖条窗芯子，通过横条窗芯子来突出纸拉门的平行线
右页左上　北馆的通顶楼梯，石料的接缝给人以深刻印象
右页右上　由客房入口处看到的室内。脱鞋处的木制装饰格子，营造出进深的层次感
右页下　装饰壁龛的现代设计

大观庄

左页　与本馆相同，是中山悦治别墅时期建造的茶室“光琳”。纯色天花板将客人的视线引向庭院

右页上　玄关处的天花板。用削成薄片的杉木编织成市松花样

右页下左、右　“光琳”拆除与南新别馆工程动工前，举行镇地仪式

鹤家

左页　重建后开业前，老爷子命令重新做的带竹叉花的棂窗，至今仍然保留在走廊一角

右页　由走廊看到的入口处。左侧是“吉兆”墙壁上雕刻的装饰窗

鹤家

左页　客房“大观”的纸移门。具有平田特色的设计，在大观庄及西村本馆都可见到

右页左上　放置在客房“梦”及“井筒”里的镜台是平田师傅的作品，设计简洁

右页右上　设置在玄关附近的洗手石盆。由天花板垂下的锁链吊灯模仿了鲁山人的设计

右页左下　玄关处，从天花板垂下的鹤形玻璃镂雕。虽然就在显眼处，却很少有人注意到，这反映了建筑师特有的娱乐心理

鹤家

左页　客房“观月”外面伸出的观月台。栗木栏杆用斧砍工艺做成
右页上　宴会厅“黄鹤”略带弧形的天花板。中间是嵌入式照明。固定天花板的竹竿为杉木倒角。壁龛柱子是喷上了漆的铁杉圆木
右页下　下框雕刻着花菱纹饰的纸移门

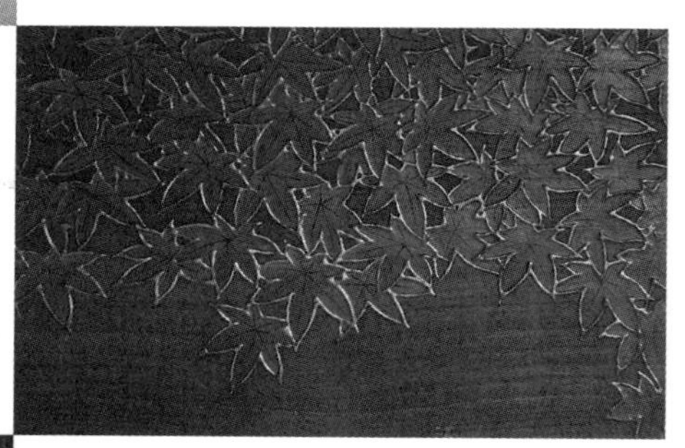

鹤家

左页上　客房“春日”。由套间看到的主房间。壁龛底边木框涂漆，柱子为带树皮的赤松圆木。主房接地窗为黑熏竹子

左页中　那楣窗的桐木板上雕刻的红叶，涂了丙烯涂料

左页下　玄关换鞋处铁杉木的装饰格柱

右页　客房“吉兆”的照明给人以深刻印象。天花板和壁龛框用的都是喷漆的铁杉

新龟屋

左页　每层楼的屋檐各具特色。屋顶铺的是丰冈产的六四型瓦

右页　细碎砂石铺成的地面，大理石的放鞋石板。左面的格柱为铁杉木涂黑漆。屋内的格棂窗由玻璃棒做成。在鹤家也有相同设计

新龟屋

左页　客房天花板的杉树木纹板上闪烁着微金色

右页上　客房窗户分上下两节。窗格的影子映在了纸移门上

右页左下　挨着马路的客房窗户。可见考虑到了打扫时的方便

右页右下　玄关的装饰格柱

西村屋本馆

左页　由旧的入口处大厅看到的庭院。正面是大浴场脱衣室。右面是客房“御幸”。有装饰格柱以遮视线

右页　由客房“御幸”通过庭院可看到客房“铃悬”。大面积的地板为铁杉木，与主房间的榻榻米之间的门槛无高低之差。右边坪庭式区域所填的是用于砚台和围棋子的那智黑石

西村屋本馆

左页上　客房“利休”中的书斋。低低的天花板是竹编，书桌和壁橱为涂漆的铁杉木
左页下　客房“观月”一侧向外凸出的露台式小空间。玻璃窗竖框为柏木，横框为丙烯酸树脂，强调其垂直性，并都往地板后面靠
右页左上　客房“龙田”极具平田风格的移门
右页右上　由客房“观月”露台式小空间所见。柱子及壁龛底边木框都上了漆
右页下　客房“观月”的外观景色。将池水引入地板下，颇具基柱建筑风格

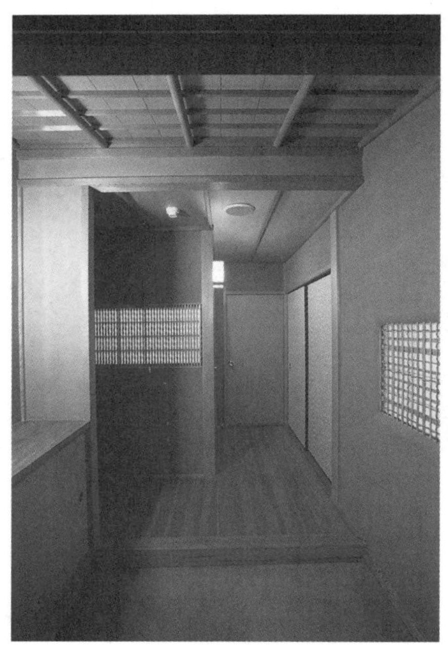

东南院

左页上　1975年建成的新馆，为平田师傅七十五岁时的作品。坐落在樱花和红枫名胜地吉野山。住客仅限信徒及与东南院有关系的寺院修行者。曲线平缓的屋顶给人以深刻印象，令人想起鹤家旅馆

左页下　客房“梅”的入口处。室内一角设有茶室

右页左上　楼梯侧的装饰格柱

右页右上　宴会厅中三重菱纹花样的移门

右页左下　壁橱门与柱子

右页右下　楼梯扶手。令人想起修学院离宫窗外走廊上的“渔网状栏杆”

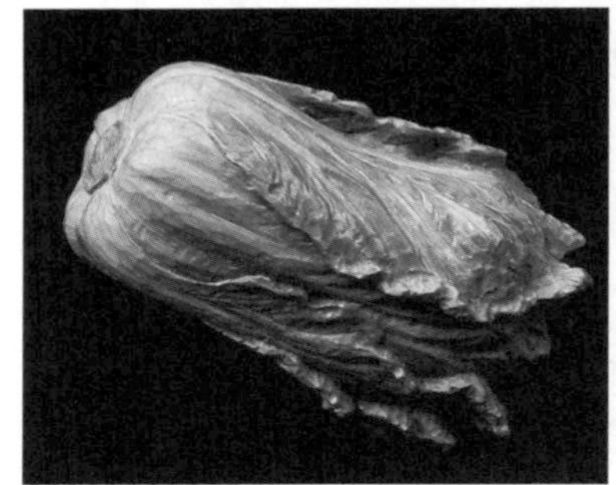

木雕

左页左上、下　西村屋本馆所藏
左页右上、下　大观庄所藏
右页上左　平田师傅肖像写真（平田建设提供）
右页上右　平田师傅最晚年时参照自己的肖像照片雕刻的坐像
右页中左、右　新龟屋所藏。装饰球木雕，鹤家及东南院等也有
右页下左、右　鹤家所藏

第二辑

吉村顺三设计的旅馆

名建筑中的名旅馆
——京都・俵屋

专家亦为之倾心

旅馆老板的祖上俵屋和助曾是一位批发商，在石州滨田（现在的岛根县滨田市）经营棉织品和麻织品等除丝织品以外的纺织品。1709 年，他在京都买下了地，在京都经营纺织品批发生意之余，还为进京的滨田藩武士提供住宿，逐步发展，慢慢将旅馆经营作为主业了。

在江户末期的 1864 年，因蛤御门之变，旅馆被全部烧毁，不久后重建，就是现在那栋一楼有客房“泉”和二楼有客房“孔雀”的大楼。此后，第六代老板增建了一栋，一楼是客房“富士”，二楼是客房“鹰”。接着到了 1874 年，又增建了一栋，一楼为客房“翠”，二楼为客房“桂”。

1927 年进行了包括围墙在内的外围工程，并对玄关一带以及一部分客房进行了改建。当时，洗手间、厕所以及浴室还都是共用的，但是在沿靠马路的一面，建造了高高的围墙，不仅从外观上看，显得档次较高，而且也添了几分谨慎，当客人踏入旅馆，即可感到京都风格的庭院有一种华美高雅的气氛，空间格外明亮宽敞。

1949 年，政府为了促进旅馆、酒店的建设，以改善和提高对外国游客的待遇，出台了《国际观光酒店整备法》（国際観光ホテル整備法）。随之，旅馆遵循法规指示，按照政府国际观光旅馆的注册标准进行了改造。首先将男女共用厕所的一部分改造成了各客房专用，另一部分改造成男性专用和女性专用。由于法律规定，旅馆须拥有十间以上的客房，因此将拥有八叠大小的套间和十二叠大小的主间的客房“鹰”重新规划，把套间改造成独立的客房“桐”，增加了客房数。

1959 年，为各客房扩建了厢房，并将一部分和式客房改建成西式客房，在确保放置椅子和桌子的法定空间的同时，在本馆一楼的南侧又增建了“寿”和“荣”两间客房。这样，总算所有方面都符合了《国际观光酒店整备法》所规定的标准，并注册成为国际观光旅馆。

为了改造各客房并新建两间客房以符合法律所定标准，老板找到了一位建筑师就有关设计进行了咨询。这位建筑师年纪刚满五十，在东京参与了作为国际文化交流基地的国际文化会馆的设计建造，并获得建筑学会奖。其后在纽约设计了商店和餐厅，又在箱根设计了日本第一家大型温泉酒店箱根小涌园。

由于经他设计改造后的旅馆好评如潮，老板决定要把全家人居住的四间铺面房拆掉重建，并委托近年来一直为旅馆的增建和改建出谋划策的这位建筑师进行设计。

老板意欲打造一家既能充分发挥日本特有的传统工艺，又与国际接轨的旅馆。

建筑师根据老板的要求设计的新馆，在 1965 年竣工了。

相对两层楼木结构的本馆，新馆则是三层楼的钢筋水泥结构。

虽说两者之间出现违和感也是没有办法的事情，可是这两栋结构与高度都不一样的建筑，同时出现在这块用地上，却显得非常协调，正如很久以前就一直友好相处地矗立在这里一样。

三层楼建筑呈 U 形，就好像要把本馆和庭院抱在怀里一样。从每间客房都可以看到庭院，但不同的角度所见的景色各有不同。庭院与建筑巧妙地融合在一起，没想到这片占地面只有一千两百六十平方米的旅馆竟然如此宽敞，真是令人感到吃惊。

虽然以前评价也很高，但自新馆完成以后，旅馆的名气更大了。日本国内更不用说，连海外的著名人士也指名说要来这里住住。其中有作为国宾的瑞典国王、指挥家伦纳德·伯恩斯坦（Leonard Bernstein，1918—1990）等，还有阿尔弗雷德·希区柯克（Alfred Joseph Hitchcock，1899—1980）和史蒂文·斯皮尔伯格（Steven Allan Spielberg，1946— ）等电影界人士。

许多外国人还长期在此逗留，比如被誉为“最值得信赖的美国人”的 CBS（哥伦比亚广播公司）明星主持人沃尔特·克朗凯特（Walter Leland Cronkite，1916—2009），曾在此竟逗留了好几个月。

日本国内一些在世界上具有很高评价的旅馆和酒店的经营者，来自全国各地，相继来访，说是想作为参考。

这家旅馆不仅得到国内外游客的青睐，业内人士也为之倾倒。

这家旅馆就是俵屋。

而这位对明治时代以来的日本建筑，以及之后的旅馆建筑设计有着重大影响的建筑师，就是吉村顺三。

建筑鬼才

被视为著名建筑的旅馆在日本各地有很多。

著名的、评价很高的旅馆也有好几家。

然而，若问既是著名建筑又是著名旅馆的在哪里？那就很难回答上来了。符合这两个条件的旅馆，应该屈指可数。

但是，若被人问到这个问题，很多人一定都会提到的一个名字，就是京都的俵屋吧。

即使从来没有在此住过，建筑业界的人士谁都知道，这是新馆由吉村顺三设计的旅馆。

吉村顺三是东京艺术大学名誉教授，被授予文化功劳者的称号。凭借奈良国家博物馆的设计获得日本艺术院奖，又因设计八岳高原音乐堂获得每日艺术奖，并被天皇授予勋二等瑞宝奖章，他是日本昭和时代具有代表性的泰斗级建筑师。

自俵屋旅馆的增建，以及新馆建成，吉村顺三不仅在建筑业界声名鹊起，而且通过媒体的时常报道，也为普通民众所熟知。因为就在本馆增建完成后的第二年，也就是1960年11月1日，宫内厅委托吉村设计营造皇居的新宫殿。

然而，建筑师吉村在完成俵屋新馆的前一年，也就是到了1964年4月，他婉辞了已经花费了三年半时间进行设计的新宫殿工程。当时，基础设计已经完成，已进入了设计实施的阶段。之所以婉辞，其主要理由是，因为宫内厅营造部在未征得建筑师的同意，做出了违背建筑师意图的变更。建筑师以书面形式提出了抗议但是未被接纳，宫内厅甚至明确表示实施设计由宫内厅营造部负责进行，因而他毅然婉辞。

在“新宫殿设计”的文件中，吉村亲自写下了婉辞前后的经过。其中的一句话深深地印刻在我的心里。他说：

“我相信，建筑设计的工作，是在许多人的共同协助下，自始至终由一位设计者负责进行，这才是正确做法。”

当时的周刊杂志以这样的标题以示赞扬：“与新宫殿发生冲突的‘建筑鬼才’——”

这事件不仅在建筑业界，而且在社会上一石激起了千层浪。这种对于设计始终如一的高洁态度，进一步提高了这位建筑师的声誉。

负责俵屋增建和新建的吉村，被卷进了当时国民们都十分关注的事件旋涡之中。

俵屋是京都一家与皇居的新宫殿在同一个事务所中同期进行图纸设计的旅馆。

当要了解吉村顺三所设计的旅馆，我在考虑最初应该去拜访哪家旅馆的时候，脑海里毫无疑问浮现的就是俵屋。

我通过京都的一位与现在老板一直保持着密切关系的茶道师傅，请求去吉村顺三设计的这家旅馆进行采访和摄影。旅馆老板的回复不是很明确，只是反问说这里难道还有哪些部分没有拍成照片刊登出来吗。

确实，这家旅馆现在也经常在女性杂志等刊物上刊登照片呢，还出版了以俵屋为背景的散文和影集。有关现在旅馆的建筑情况，即便不去实地察看也可以推断个大概吧。我一边翻看杂志和影集，再次一张一张地仔细观看照片，虽然与质朴之中让人心情舒坦的“吉村风格”略有不同，但确实是可以从现在的这些精心设计中看到华美富丽。但我还是请求老板一定允许我打搅一次，能够先去踩下点，既为了采访，也是为了拍摄。因为以前有过很多次这样的经历，就是每次旅馆回复我说竣工时的模样一点都不剩了，但是当我怀着忐忑不安的心情到访时，用自己的眼睛实地观察每一个角落，总能在很多处发现想象不到的珍贵设计，不由得暗自窃喜。

在我再三请求下，老板终于回复说那就来看一下吧。于是，我来到京都。

冬寒已经过去，迎来了三月三的桃花节，温暖的阳光照射在京都的街头。在我们约好的下午三点，我走入院内，眼前是刚洗净的水磨烁石地面和石板。正在打扫的一位上了年纪的男士迎了上来，上身穿着白色衣服，下面是黑色裤子，一身工作服打扮，胸襟上有“俵屋”字样。不愧是俵屋，水磨的脱鞋石板都十分讲究，可能是鞍马（位于京都市左京区）产的吧。不等我细想，一位身着西式套装的中年女士从上面客厅走了下来。

“欢迎光临！快请上来！请往这边走！”

她引领我顺着庭院经过走廊进了里屋。屋里是椅子和桌子的西式座席。落地玻璃窗从地板直通天花顶，往窗外望去，一片绿油油。白色的墙壁与白色的天花顶，极具现代风格，但位于天花顶上的那根硕大的横梁，总让人感觉还留有民间艺术的情调。说它是一家京都的老派旅馆，更不如说让我感到是来到了一家大宅第的起居室。

“啊，欢迎光临！请稍等！”

另一位女士给我端来了绿茶。等了两分钟左右。

“您好！初次见面，我叫佐藤。”

一位身着套装的女士来到面前，上身是白色外套，下面是藏青色裙子，端庄雅致。栗灰色短发烫成舒缓的波浪发型。我知道这里老板娘的名字叫佐藤年，七十多岁的年纪，我在杂志上看到过很多次，如今见面，给我的印象与之前见到的其他旅馆老板娘完全不同。说她是旅馆行业的老板娘，倒更像是珠宝行业或者美容业界的经营者，是一位气质高贵、具有西洋风格的女性。她个子很小，但很有企业家的气质，从满脸笑容中可窥见其敏锐的目光，一瞬间令我感到自己的身份来历都已经被她看穿了。

一无所剩

我做了自我介绍后，再一次说明了采访的意图。佐藤女士站起身来说："那就先请您看客房吧。"她紧接着预告我说：

"请您先有个思想准备，吉村先生的设计一点也没剩下了。"

我心里像被刺进了一颗粗粗的钉子，紧跟在她的身后。

最先带我看的是在本馆一楼的客房"泉"，两间八张榻榻米的房间。面向庭院是宽敞的石板地套廊，映入眼帘的是吉村设计的广为人知的矮椅子。

这个房间既不是吉村增建的，也不是新馆。可是我马上在这里见到了吉村风格的物件，感到出师大吉，不由暗自窃喜。

客房参观了一个又一个，我慢慢感觉到佐藤女士刚才的预告将逐渐成为事实。虽然我满眼看到的都是颇有"娇小的和风现代美术馆"味道的设计，但是与吉村那朴实木讷极具魅力的风格，还是大不相同。

"因为这二十年来，没有哪一年不请木匠师傅来修缮的，每年总有一些地方会进行改造。"

而每次改造都不是委托吉村，都是佐藤女士自己的创造性设计。在建造新馆时，她将内部装修委托给了机缘下结识的茶室建筑木匠中村外二，而在外二去世后，又继续委托中村外二建筑公司按照她自己的设想进行装修。

中村外二是建造里千家茶室的著名木匠师傅，生于1906年，比同样是由做茶室木匠起家的平田雅哉还要小六岁。出自中村外二之手的建筑有：1937 年完成了由村野藤吾设计的睿山酒店，在夏威夷博览会上展出的里千家捐赠的茶室，伊势神宫内茶室，大阪世界博览会日本庭院内茶室，纽约世界博览会日本庭院内茶室，夏威夷大学内茶室，吉村顺三设计的纽约洛克菲勒三世（John D. Rockefeller Ⅲ，1906—1978）公馆及其茶室，同样由吉村顺三设计的东山魁夷公馆，等等。从丹下健三城市·建筑设计研究所独立出来的建筑师矶崎新在伦敦设计的约翰·列侬（John Lennon，1940—1980）公馆也是由外二施工的。吉村顺三生于 1908 年。比吉村大两岁的外二，在俵屋新馆竣工时五十九岁。

我到访的这一天，中村外二建筑公司正在做本馆一楼楼梯的修复工程。从新馆也能听到电动锯子锯木头的声音，在这噪音中我们不时提高嗓音说话，一边参观。

即将参观完所有房间的时候，我看到新馆二楼的客房“枫”的门窗时，突然停下了脚步，心想或许这里有什么发现。格棂很大的纸拉门颇有桃山时代的风格，这就是所谓的“吉村拉门”，这不还留着嘛。不过，这间客房的壁龛和天花板等，所有建筑要素也全都经过了改造。

我说：“或许那里还有吉村先生的设计留着……”

我被带到了新馆的楼梯。

简洁而牢固的扶手也是吉村的设计风格，这与在国际文化会馆看到的楼梯扶手一样。

看来留下的只有一部分的纸移门和这楼梯了。

我这才理解，当我提出想采访和拍摄时，老板为什么感到为难了。

越低越好

我问老板娘为什么要花大力气来改造，她先声明说："我到现在还是挺喜欢吉村先生的哦。"然后，她开始讲述改造的理由。首先是天花板和门窗的高度存在违和感。

"吉村先生是根据 1949 年颁布的《国际观光酒店整备法》，为符合政府登记国际观光旅馆的标准进行设计的。说是考虑到外国游客入住，尽量造高一点。而且，吉村先生住在东京，和我们京都相比，也会造高一点。"

新馆是在 1965 年建成的。那一年，吉村先生在美术学校时期的学长、1894 年出生的吉田五十八完成了京都规模较大的高级料理店冈崎鹤家。吉田五十八在 1940 年以后，经常为以新兴茶室风格建筑而闻名的筑地高级料理店新喜乐进行修缮，并且完成了关东地区最大的宴会厅。1913 年出生，比吉村还小五岁的丹下健三，在俵屋新馆建成的前一年，就完成了东京圣马利亚主教座堂，具有高大空间的钢筋水泥结构，令所有人为之惊叹，还建造了国立代代木室内综合竞技场。

俵屋新馆竣工的那一年，吉田五十八年龄七十一岁，丹下健三是五十二岁，吉村顺三是五十七岁。

当时建筑界流行的是尽量将建筑物建造出惊人的空间，而吉村则是以讲究低顶棚而著称。来京都之前，我所看到的资料中也有吉村亲自写下的意见。

"京都的铺面房的内侧尺寸很小，顶棚也很低，正面看上去很舒服。我原本就认为门楣高度 1.72 米最佳，可以说这是决定性的。而且，我也喜欢内侧尺寸小，顶棚低一点的。而后来去了美国，看到波士顿周围的移民住宅时，感觉顶棚也出乎意外的低，然而里面的空间却令人感到挺舒服的，因此也更获得了自信心，现在我有意识地尽量降低顶棚高度。”

所谓内侧尺寸门，就是门槛到门楣之间的高度，也就是房子的进出口部分、门以及纸拉门的高度。就是说这个尺寸在 1.72 米左右最佳，是决定性的。

读到此，我心里是感到些许不解，吉村的设计如此讲究低顶棚，而在京都的这位老板娘眼里则觉得很高，以至口口声声说：“因为我也年纪越来越大了，视线也越来越低了。”这实在是太有意思了。

无须珍贵木料

“虽说如此，但在当时我能说的也很有限啊。”

比实际年龄看上去要老的建筑师，据说在当时老板娘的眼里就是一个“老大爷”。

关于吉村的相貌，我不仅见过照片，而且也好多次读到当面采访过他的人士写的东西，他们在介绍其建筑风格之前，首先会介绍其外貌。或许是他那相貌和身材极具个性，人们在进入相关话题之前，不知不觉地就会先介绍其外貌了吧。

“吉村的体格确实很结实。”建筑史学家村松贞次郎说，“没有一点赘肉的结实体格，威严的身材，颧骨也很高，面部五官都很大。眉毛高挑，眼睛圆睁，让人感到就像是蓬发孤剑的宫本武藏，魄力十足。”

村松在东京大学指导过的建筑史家藤森照信也是首先从其外貌说起的。

“首先给人的印象是‘可怕’。”接着他又说，“一定要说的话，这种可怕既是来自结实的体格也是来自沉默寡言，总之，是一种严父式的可怕。”

佐藤女士是俵屋第十一代老板娘，1932年出生。吉村年纪比她大二十四岁。为本馆增建两间屋子的时候，佐藤女士作为“前任老板娘的女儿”，才二十七岁。而吉村那时已经五十一岁了，的确可以做她父亲了，有着“宫本武藏的魄力”。面对这位有着“严父式可怕”的建筑师，提出自己的意见确实是需要一定的勇气吧。但是作为一个经营者，她还是清楚地提出了自己的要求，比如主房间以八张榻榻米为标准，主房间前面是一个用来休息的套间，期望所有客房都能面朝庭院，还要建造一间特别房间，等等。

“吉村先生的观念是，并不需要用什么珍贵木料，三合板、柳安木就行。当时我也认为的确是如此，但是随着自己年纪的增长，想法慢慢有些变化。的确不需要什么珍贵木料，但也不想用柳安木。”

实话实说，就好像是在谈论对食品的喜好那样，我与佐藤女士一起笑了起来。

新馆建成的当初，据说天花板等用了好多柳安木。在与村松贞次郎的谈话中，吉村也谈了自己对于材料的看法。谈话在广为人知的著名建筑“南台之家”（即村松自己家）录了音。

“我家天花板用的三合板是日本最便宜的，因为就是滚压三合板。我尽可能不去做仅仅为了材料而花钱的事情，而是尽量从是否舒适的角度考虑，材料能用就用。”

三合板是一种不可思议的材料，一般被认为看上去挺不值钱的，但是在一部分建筑师眼中很有魅力，被认为最适合用来做墙壁和天花板的内层。

凭设计樱台球场村（集合住宅）、酒店式公寓获得建筑学会奖，及以设计世田谷美术馆等作品而闻名的建筑师内井昭藏谈及曾住在吉村早期设计的酒店建筑箱根小涌园的感想。

“用三合板进行装修，现在看来是挺简陋的，但是我记得在当时，那感觉可是挺新颖的。建筑简洁纯朴，虽然我只住了一个晚上，但是觉得自己理解了吉村先生对建筑的见解。”

内井之所以认为用三合板装修虽然较简朴但很新颖，我认为这是建筑师所特有的感觉。若是为特定的、与建筑师有共鸣的委托人而建造的住宅，那还算可以；但若是面向大众旅客的酒店和旅馆，究竟有多少住客能懂得其内部装修的好坏，我十分怀疑。俵屋的老板娘在有了多年的积累以后，对于廉价的以及建筑师按照自己特有的美学所选择的材料，已经“不能再忍受了”。若是对建筑师的美学没有共鸣，就很难再委托其进行装修了。

“因为委托吉村先生的时候，我才二十几岁，三十不到。可到了我三十好几将近四十的时候，哎呀，那柳安木，实在受不了。”

佐藤女士说着，两只手在胸前乱舞。那表情，就像是孩子看到了讨厌的食物一般天真烂漫。拆了柳安三合板以后，现在的天花板用的是木纹较少的高档杉木板，这正合佐藤女士的喜好，她总说：“不喜欢木纹太多。”

设备决定质量

之所以不断地进行改装的另一个理由就是，喜欢旅行的日本人的生活方式有了飞速的变化。佐藤女士说，来的客人中反而是日本人要求有椅子和睡床，而不是外国游客。

“因为来俵屋的客人中年纪大的居多，所以我想地板也装上暖气比较舒适，而且近年来，能用网络也已经是理所应当的了。”

的确，这几年，住宅环境有了明显的改善。如果考虑到旅馆就应该比住宅舒适，那就不仅要满足客人的需求，还得走快半步，进行设备的配备与更新，这需要付出很大的精力与财力吧。

“虽然当时也不只是吉村先生这么做，但那时日式旅馆大都是公共浴场，在客房里配备浴室属于少数，所以我觉得吉村先生为我们每间客房都建造了浴室，已经是十分荣幸了。但是，当时我们要求建造的浴室，现在看来显得窄之又窄，若不扩建也是不行了。”

当时吉村设计的浴室只有小小的组合式浴槽这么大。而现今，有的房间的浴室，甚至有两张榻榻米那么大。

我一看，浴槽边还有一支温度计。

“我们为客人把水温设定在了42℃，但每个客人的喜好会不同吧，因此设有温度调节器，让客人们自己也可以调节水温。在松木浴槽放入水后，两个小时以内水温下降不了1℃，所以一开始我们把水温调在42℃、43℃。”

所有的改造和服务都是站在客人的角度来考虑的。作为一个经营者，考虑到旅馆的生存与发展，与其受建筑师设计的束缚而不进行改造，不如选择每年都进行一些改善，在各间客房增加一些新的设计，添置一些新的设备，让老顾客们也能感到耳目一新。

洗手间宽敞而明亮，令人有身临酒店化妆间的错觉，洗脸盆等器具也是从德国进口的，空间非常舒适。当然，打开水龙头就有热水，还有地暖设备。将浴室向庭院延伸，以确保足够宽敞，虽然这面积还不够建造一个露天浴室，不过有的客房还在天花顶安装了头顶照明，设计成了可以一边洗澡一边赏月的空间形态。地暖一直安装到石板铺成的套廊那边，住在里面的客人戏称其为“石板浴”，还惬意地躺在上面。房间中央建造了一个往下凹的地炉，不用的时候可以按动电钮隐藏到地板下面。西式客房的百叶窗也一样，睡在床上就可以按动电钮上下移动。在这家旅馆，这些都是理所当然的事情。

完美的设备令人瞠目。想必即便是最近刚建好的日式酒店，也没有如此完备吧。

三层楼的新馆还建有电梯。我问这是否也是后来改造时增建的，老板娘回答说是建造新馆的时候就预留了装电梯的位置。现在来讲，有电梯是理所当然的事情，可旅馆是五十年前建的，那时候都认为不需要电梯，哪怕是建造五层楼的公寓，上下楼也都只有楼梯。

佐藤女士说，在以前用来存放杂物的地方建造电梯，不过是十年前的事情。1965年竣工时，已经没有能力再负担建造电梯的费用了，但是在建筑师强烈推荐下，还是保留了建造电梯的位置。

当有人问吉村有关住宅设计的情况时，他是这样回答的：

“现代住宅的质量，想必一半是由设备的好坏决定的吧。”

关于吉村对设备有着怎样的深刻认识，下面的故事颇耐人寻味。

有一位名叫奥村昭雄的建筑师，原来是吉村顺三设计事务所的一位职员，建造新馆的时候，他一直住在工地负责施工，不仅在建筑方面，甚至用什么样的窗帘，都是与老板娘一起去挑选的。他说，第一个在日本使用温水地暖的人应该就是吉村吧。好像吉村很早就根据奥村提出的方案，对太阳能系统进行了研究。

强烈推荐俵屋使用电梯，也很符合这位对设备极为执着的设计师的风格。

作为住客的建筑师

那么，为何委托吉村顺三设计增建部分和新馆呢？

我一边心里想着，一定是因为吉村有着为皇居新宫殿设计的业绩，为其盛名所吸引的吧，一边问老板娘，可是得到的回答完全不同。

“因为先生原本就很喜欢这里的旧馆。”

1931 年，吉村毕业于东京美术学校建筑学科（现在的东京艺术大学美术学部建筑学科）。在校读书期间，他从海外的杂志上看到住宅模型［安托宁·雷蒙德（Antonin Raymond，1888—1976），东京］的照片还有附记，就想亲自到实地去看一看，于是每天出门四处寻找，终于被他找到了，原来是一位美国建筑师的公馆。作为主人的建筑师还邀请他去参观了事务所。在参观事务所时，吉村来到了一块无人工作的绘图板前面，建筑师又一次问他是否愿意来这里工作。因此机缘，他便开始在安托宁·雷蒙德事务所一边学习一边工作了。

从美术学校毕业后，他正式进入了安托宁·雷蒙德事务所。1940 年，当安托宁·雷蒙德在纽约开设事务所时，他随安托宁·雷蒙德来到了美国。但是，因正值日美开战前夕，吉村乘坐 1941 年 8 月最后一班交换船回国了。回国几个月后，吉村便开设了私人事务所。就像是举旗表示反对战争一样，开设日定在了 12 月 8 日。那天正是日本进攻珍珠港的日子，吉村顺三时年三十三岁。

有人认为，吉村之所以坚持低顶棚风格，是受到了其老师安托宁·雷蒙德的影响，而这位老师也是受到了 20 世纪具有代表性的建筑巨匠弗兰克·劳埃德·赖特的影响。奥村昭雄从吉村顺三设计事务所出来以后，也像吉村一样，先后担任了东京艺术大学的副教授、教授、名誉教授等职，他说吉村先生喜欢赖特的建筑，并从学者建筑师的角度对此进一步做了特有的说明。

“空间的大小并非因为绝对值大就大，有时候狭窄的空间也会有大的感觉。因为有低矮，才会有宽大。正是由于顶棚弄低了一点，才产生了水平上的宽度。”

吉村在俵屋住宿时，估计是在他毕业以后吧。他多次陪同雷蒙德入住改造前的俵屋旅馆，并仔细参观了这座明治时期以来的建筑。在俵屋委托他设计之前，他就已经从住客的角度，以建筑师的眼光对旅馆进行过观察。

佐藤女士进一步补充说："还有，因为我认为吉村先生是日本建筑师中唯一一位会建造日本住房的建筑师。"

据说吉村在读书时，每周都会来京都，亲自实地测量古建筑，这在建筑业界也是众所周知的。正如吉村自己所说的那样，日本的传统建筑是“从日本风土与祖先的生活中产生的”，可以说这一直影响着他的建筑作品。他认为："日本建筑的特色有很多，但是第一个特色就是具有流动的自由空间。作为优良传统建筑的其他要素还有纯真、淳朴以及由这两者产生的艺术性，一共四个要素。"

吉村能充分发挥古代日本特有的匠心，打造国际通用的旅馆。

对于追求理想的京都老板娘而言，这位从学生时代起，就独自对京都的古建筑不断进行实地测量及研究的建筑师，是最合适不过了。

“我觉得委托吉村先生，是绝对正确的选择。”佐藤女士强调说，“我想，若是委托吉田五十八先生，或者是堀口舍己先生的话，可能会更讲究装饰。所以我到现在仍对吉村先生心存感谢。如今，我之所以可以这样自由自在地进行改造，我认为也是因为这座建筑的要点精妙无比。”

佐藤女士提到了比吉村还要早一辈的两位以近代和风建筑而闻名的建筑师的名字，并做了如此说明。

堀口舍己出生于1895年，比吉村大十三岁。与东京美术学校毕业的吉村不同，他毕业于东京大学建筑学科，在1932年吉村毕业的第二年，就任东京美术学校的教授。作为旅馆建筑，他在1950年为昭和天皇到访名古屋，在名古屋的料理旅馆八胜馆建造了“御幸”，1955年在鸟取的三朝温泉完成了名为“后乐”的旅馆。

另一位是比吉村大十四岁的吉田五十八，他不仅是吉村在东京美术学校的学长，而且还是同事。在1945年，当三十七岁的吉村就任东京美术学校副教授时，五十一岁的吉田是教授。吉村对吉田学长的建筑有如下评价：

“吉田先生非常重视外表，好像要给建筑穿上衣服一样，而室内装潢则让人感到很单薄。因此，他会毫不吝惜地把不必要的柱子或拆掉，或做进墙壁之中。我可不会这样。”

既非只重视外表，又非将室内装修得很单薄——

可能吉村的这种态度正好与俵屋老板娘的建筑观念相吻合吧。

突然想起，我问老板娘。

“没考虑过丹下健三吗？”

虽然木结构建筑与丹下无缘，但是我突然想到，假如新馆是钢筋水泥结构的话，也是有可能的。

“丹下先生是题外话了。”

说到此，我们又相视一笑。

必须改变

我们花了一小时十几分钟参观了整个馆，又回到了最初被带到的一楼房间。

“喝杯凉茶怎么样？或是喝点热的？”

“请给我来杯凉茶吧。”

听佐藤女士问我，我回答道。馆内不管走到哪里都有暖气。

“不知道蕨菜饼适不适合搭配凉茶。”佐藤女士边说边通过内线下单，然后脸朝向我说，“或者来杯咖啡怎样？”

“好的，那就来杯冰咖啡。”

咖啡、点心还有擦手毛巾很快就送来了。我一边品尝着蕨菜饼，一边侧耳倾听佐藤女士讲话。

“作为设施的建筑，总得要根据不同的时代、不同的生活方式进行改变吧。因为经过了百年，地基也都下陷了，所以为了安全起见，地基也必须进行修整。设备也一样，从起居舒适的角度考虑，像暖气、水管等，都必须随时更新。这些都是用不了十年的，所以不能一成不变。为此，如果看到有的设备可以提供居住的舒适及合理的服务，我就会安装，比如通过电动可以使得地炉上下移动，在浴室里安装头顶照明，等等。因为若是同样的空间，当然是打开天花板、打开屋顶就能见到天空，心情会比较舒畅吧。

“不过，我们家的浴室，现在由于土地限制，还不能做到每个房间都能看到庭院。虽然不是完全看不见，但是只能够看到庭院的很小部分。

”庭院中的绿色植物，无论什么品种和形状，都会给人一种心平气和的感觉吧。因此，我觉得浴室基本上都朝外，使用时心情会更舒畅些，即使没有庭院也希望能够打造一个舒适的浴室空间。

“这就是我现在这个年龄要面对的新挑战。”

轻松愉快地畅谈着自己决心的老板娘，脸上不知什么时候看上去俨然像是一位建筑师了，就像是吉村顺三的门生一般。

她的话语之间充满了对日本式结构的憧憬、对庭院的遐想，还有对最新设备的执着。

这分明是与吉村顺三的设计理念融合在了一起。

留在京都的两家旅馆
——天桥立・文珠庄新馆

名住宅名旅馆

有关吉村顺三设计的旅馆，其独有的特征与妙处很难言传。

建筑业界有许多吉村粉丝和研究学者，所以我告诫自己切不可随意发表意见。但这里所谓“很难言传”，并不是指这个意思。而是指，若要将平田雅哉设计的旅馆与村野藤吾设计的旅馆进行对比，很难。

平田雅哉设计的旅馆，反映名师特有技巧的工艺随处可见，一目了然。由于门面有意设计得比通常宽，所以为了不使门楣下垂，他使用了丙烯这种新材料来进行处理。为展示雕刻家的手艺，楣窗由自己绘图、雕刻。壁龛使用的是看上去十分高档的名贵木料，而且做工一看就是费时费力的，比较讲究，有开放的感觉。听说他硬是将柱子和柱子之间的距离设计得比通常的建筑物要宽，以至于日后屋顶产生下垂，需要经常修理。耳闻有关其技巧的趣事，目睹保留至今的名师精湛技艺，的确可以理解两者风格大不相同。

后面将要介绍的村野藤吾设计的旅馆也一样，有关其设计的精妙之处，建筑本身就会告诉你的。

拉门的门框组合纤细而复杂，显得非常脆弱。照明灯具无论是设计还是材料都很讲究，或仿制木马或雕刻人物头像，而材料则使用玻璃纤维。楼梯设计成旋转上升的形式，细细的扶手随之攀缘而上。即使不知道建筑师名字的人，看了这别出心裁的构思以后，也自然而然地会想，这一定是位有名的建筑师吧。

但是，吉村设计的旅馆则不然，让人一下子感觉不出“有意”和“展示”来，没有“看上去高档”的感觉，而且，乍一看也看不出有什么“复杂”和“讲究”的。能看到的，也就是从纵横的框架正面看去有厚重感的“吉村拉门”，即结构粗犷的拉门，以及独创的靠背较低的椅子。仅以此，也很难说是吉村设计的旅馆特征。

随着吉村的名气提高，委托他设计的大型建筑工程接踵而来，如皇居新宫殿、爱知县立艺术大学、奈良国立博物馆新馆等，但他还是始终坚持为住宅设计。吉村之所以在建筑业界拥有众多粉丝，其理由之一就在于此。从城市住宅到大小山庄、东山魁夷公馆以及纽约洛克菲勒三世公馆，他留下了不少著名建筑。那些粉丝，与其说是喜欢吉村顺三，更不如说是喜欢吉村顺三设计的住宅建筑。

吉村顺三说 :“我认为，我们居住的房子，除了方便和舒适之外，其风格、品味对人们的影响也是巨大的。而建筑师也应该担负起这方面的责任。”

吉村本身也正如自己所说的那样，对住宅建筑的倾情投入也是非同寻常。

不过，可惜的是，能够参观被誉为名作的住宅建筑的机会很少。而且，又不能不经人介绍，就冒冒失失地闯进私人住宅。若不是有亲朋好友委托吉村顺三建造了住宅，你想要在里面住更是不可能的。不过，如果他的作品是一家旅馆的话，那就可以做一日主人了，一边欣赏昼夜的景色变换，一边仔细观察和认真思考这位建筑师的何所追求了。

著名建筑师建造的酒店、旅馆等住宿建筑之所以如此地吸引我，是因为通过住宿，我可以得到一种珍贵的体验，就好像居住在著名建筑师建造的住宅中一样。

留在京都的另一个旅馆

采访京都的俵屋回来，我重新阅读了收集到的资料。

我阅读了好几本吉村顺三的作品集，对于吉村设计的、在日本普通人都可以使用的住宿设施，或是具有住宿功能的设施，做了如下梳理。

名称	竣工年
国际文化会馆	1955 年
箱根屋	1958 年

小涌园酒店	1959 年
俵屋本馆增建	1959 年
京都国际酒店	1961 年
俵屋新馆	1965 年
文珠庄新馆	1966 年
藤田福井酒店	1969 年
大正屋	1973 年
仙石芙蓉庄	1974 年

我是按照竣工年份排序的，对其中两家旅馆的竣工年份尤其感兴趣。一家是 1965 年在京都市内竣工的俵屋新馆，另一家是 1966 年竣工的位于京都府北端宫津市天桥立的文珠庄新馆。

俵屋因新馆的完成，一下子声名鹊起广为人知。同样位于京都的另一家旅馆，其设计和施工或许与俵屋新馆几乎是同时进行的。而从其规模比俵屋要大来看，也很有可能文珠庄新馆的设计在先。说不定著名旅馆俵屋新馆的设计构思的源流，就来自文珠庄新馆。

那么，文珠庄新馆是怎样一座建筑呢?

我即刻找来了对两家旅馆竣工时的情况进行过介绍的建筑杂志。

俵屋新馆刊登在《新建筑》杂志 1966 年 5 月号上，文珠庄新馆刊载在了该杂志的 1967 年 11 月号上。

杂志上说，文珠庄新馆的施工时间是 1965 年 10 月 28 日到 1966 年 7 月 10 日。而有关俵屋新馆，杂志上只介绍了 1965 年竣工，至于是几月几号竣工，施工时间多长，都没有提及。假如俵屋新馆的竣工是在文珠庄新馆工程开工的10月之后，那么就是说，建造在京都的这两家旅馆，不仅设计的时间有重叠，而且施工的时期也有一部分是重叠的。

天桥立松树林荫的海滨沙滩，隔着水路一直延伸到对岸。在这样的地点建造文珠庄新馆，其设计的基本方针如杂志的解说文所写的那样，“比邻水路，显得与天桥立的松树林荫有着亲密接触，是其一贯的主题理念”。吉村计划将每间客房都配置在水路沿岸，越过水路就可以看到松树林荫。

然而，不仅仅满足于越过水路，恰恰是吉村顺三的风格。

他计划在水路与建筑之间，设计一个细长的可以随意散步的庭院，从而使得每间客房隔着庭院可以看到水路，再越过水路与对面的松树林荫隔岸相望。由建筑朝外眺望，庭院被巧妙地融合进视野，这种效果正是吉村在建造俵屋新馆时的尝试。

即便是俵屋竣工在先，那么设计时，究竟是何者在先呢？

在我看来，我仿佛看到了这两家旅馆的设计图纸，被并排放在同一家事务所的制图板上，同时进行描画、修正，在相互影响的过程中完成的情形。

重视剖面图

杂志上刊登的有关文珠庄新馆的解说文，我在阅读过程中，经常会感到，这部分确实也是属于吉村式的吧。

“整体上是以偏低的工程费用来完成的简洁设计，但空调等设备方面却十分完善。”

吉村式建筑的做法就是，低成本而讲究设备，这是一贯的主题理念。

建筑家内井昭藏对吉村的建筑是这样评价的：

“我认为吉村先生设计舒适空间的秘诀，概括而言，就是用较少的材料创造出丰富的空间。”

的确如此。平田和村野设计的旅馆，一看便知使用的是珍贵木料，采用了费时费工的技术，施工费用颇高。相对而言，吉村式旅馆的特征就是让人不觉得建筑费用昂贵。事实上，事务所原职工平尾宽也说：“越是低成本的工程越能激发吉村顺三的热情。”也就是说，不是只有使用了引人瞩目的昂贵材料，以及花费了很多劳力和工时才能完成的建筑，才是好的吧。

事务所原职工建筑师奥村昭雄，对吉村所特有的讲究舒适的建筑风格评价如下。

“我认为吉村先生所追求的居住舒适，不仅限于建筑的形状与空间，还包括温度、光线、通风以及湿度等方面。”

这一评价也反映了吉村对设备极为重视。

有关成本问题，吉村自己也如此说：

“做计划时必须要考虑到高度。为什么说高度很重要呢？比如，若建筑物降低一尺，那么从立柱、墙壁到管道长度都要降低或缩短。准确地说，重量减轻了，建筑的地基部分也会相应减少吧。总之，要更经济一些。因此，若建筑低而比例均衡，又能够减少费用，我觉得不一定非要莫名其妙地弄得很高吧。”

他的设计是，通过控制顶棚高度，来实现居住舒适及较低成本这两大要素，另一方面又充分考虑到设备完善。吉村这种设计理念，想必对于委托工程的一方而言，具有极大的吸引力吧。

我翻阅着刊登在杂志上的有关文珠庄新馆的解说文及漂亮的建筑物相片，发现在卷末的一页上列有文珠庄新馆的相关资料。

用一整页的篇幅，刊登了一张将建筑由上而下切开、从正面看的剖面图，也就是所谓的垂直剖面图。还用两整页的篇幅，不仅标出了各楼层地板的厚度和顶棚的高度，还详细记载了内装修使用的材料。

我之所以被这张大大的剖面图所吸引，是因为我记得吉村曾经说过的话。

“设计的要点在于创造宽松舒适的生活空间。就图纸而言，就是重视剖面图所反映的人的作息、人的眼睛和身体的动作。”

通过剖面图来把握。

刊登在建筑杂志上的图纸，一般都是用于说明房间布局的平面图，极少刊登剖面图的。即使刊登剖面图，通常也都是与平面图相同大小，或者比平面图还要小一些，最主要的还是介绍平面图。介绍俵屋新馆的杂志就只有平面图，没有刊登剖面图。而在介绍文珠庄新馆时，为了说明剖面图，竟用了整两页的篇幅。

或许，建筑师在建造文珠庄新馆时，比其他作品更重视剖面设计，想必他认为只有通过剖面图才能表达这家旅馆的特征吧。

喜欢控制屋顶高度的建筑师，是怎样处理一楼客房、二楼客房以及大宴会厅的顶棚高度的？在每间客房，客人是如何眺望窗外景色的？根据客人的视线，如何构筑每个房间，而映入窗户的景色又是如何取舍的？图纸告诉我们，这一切都是经过了详细研究的。

我很想更进一步地了解这家旅馆，不仅限于刊登在杂志上的内容，我决定尽可能去收集与文珠庄新馆有关的资料。

在阅读一份份资料的过程中，我看到了一组杂志上没有介绍过的信息。

是有关文珠庄新馆设计期间的记载。

设计期间　　　　　　　　　1965 年 6 月到 1965 年 9 月

仅仅用了不到四个月的时间！

我吃惊得禁不住在内心叫了起来。

这种吃惊，不久便令我的心里浮现出了与之前完全不同的想法。

看来，是我一直以来存在着很大的误解。

设计期间破译了谜团

误解的主要原因是，我深信自己的先入为主。

我在大学读书时的一位老师，也是建筑师，名叫筱原一男，他一贯认为，设计一栋住宅，不用说，至少需要花费半年、一年或者更长的时间。看着他的工作态度，我也自然而然地认为设计当然也需要花费很长的时间进行研究和推敲，这种想法已经根深蒂固了。

文珠庄新馆一共有十四间客房，也就是说要花费相当于设计十四间住宅的工时。因此，我想象中要完成这些设计，最短也需要一年，弄得不好，得花两年或三年的时间吧。也就是说，我认定了这项工程的设计要比进入施工的1965年10月28日早一年以上开始吧。正因如此，所以我才认为，文珠庄新馆与在它开始施工那年完成的俵屋新馆的设计与施工是同时进行的，甚至认为说不定也有可能文珠庄新馆着手设计比俵屋要早。

然而，文珠庄新馆的设计仅用了不到四个月的时间。若设计是从1965年6月开始的，那么在设计事务所的工作情景就完全不同了。同年竣工的俵屋新馆的设计与文珠庄新馆的设计就不可能在同一时间进行了。或者可以考虑以下三种情况。

第一，在俵屋新馆施工过程中，开始文珠庄新馆的设计，不久开始施工，有一部分工程相重叠。

第二，在俵屋新馆施工过程中，开始文珠庄新馆的设计，而其施工则是在俵屋新馆竣工以后开始的。

第三，在俵屋新馆竣工以后，才开始进行文珠庄新馆的设计。

两家旅馆的关系究竟如何暂且不说了，我主要是想弄清楚另一件事情。

究竟是什么原因，吉村顺三想到要在京都再设计另一家旅馆的呢？

杂志的记载中、作品集里都没有提到过相关的“缘起”。看来只有去旅馆直接询问了。

老板娘佐藤女士告诉我，俵屋之所以在增建两间客房时委托吉村进行设计，是因为吉村以前曾经来这里住过好几次。

若是如此，那么恐怕文珠庄新馆也一样。吉村自己是否在同一位老板经营的其他旅馆中的某一家，也住过了好几次呢？

建筑师一定要通过剖面图来做计划，实际上建筑是怎样的呢？

建造在京都的这两处建筑作品，除了竣工年份相近之外，有没有其他什么关联呢？

带着这几个问题，我再一次启程前往京都，来到位于京都府北端的天桥立。

委托人的热诚打动了建筑师

建筑师将整体建筑分为三块配置在建筑用地上。

一块是位于用地南侧入口的本馆。一楼是玄关、服务台、大厅、办公室等，二楼是有一百二十叠大小的宴会厅。

另一块由前往后，依次为“花”“月”“雪”三栋客房大楼，共有十四间客房。从本馆用地南侧往北，有一条走廊贯穿到东侧，三栋客房大楼并排坐落在走廊的东侧。

最后一块是隔着走廊坐落在对面西侧的大浴场。

一到旅馆，首先映入眼帘的是本馆，其二楼部分设计得像是浮在了空中。本馆建筑的左右像是两张翅膀一样，给人以一种独特的

“悬浮感”。

正如吉村在建筑展暨公开座谈会上所说的“还是没有立柱为好”。这个作品的设计具有吉村风格，也与他的其他代表作，如著名的爱知县立艺术大学校舍以及位于轻井泽的吉村别墅“轻井泽山庄”一样。

我一边探头仰视，一边回想起吉村讲述他与住宅建筑委托人关系的话。

“委托人，也就是普通外行人。在建造新居时，其居住经验最多也只有到目前为止而已，肯定不会有未来的经验吧。但是，帮助他们洞察将来，这不正是建筑师的工作吗？”他甚至断言：“我认为，建筑师的存在意义正在于此。”

想必他的这种态度，在设计旅馆建筑时，也一定没有改变。与住宅建筑不同的是，建成后的旅馆并非委托设计的人自己居住，而是给客人们居住的。为了使顾客能常来惠顾，建筑物应该如何建造呢？能够预见和洞察到未来，正是吉村式旅馆建筑的设计理念。上一次到访京都时，我在俵屋看到的新馆电梯等，正是建筑师以自己特有的眼光预见到了无障碍社会的到来而提出的建议。

当在天桥立看到这里的建筑，我之所以会有前述的想法，是因为抬头看到了在二楼，就在玄关的上面是一间很大的宴会厅。从正面望去，这里似乎不像是一家旅馆，而像是一栋宴会专用的建筑。

到访老旅馆时，我看到大多都是宴会厅离玄关很远，一般都安置在建筑物的最里面。这种布局如实地反映了旅馆建造的用途。当时住宿旅馆的团体客居多，可以说晚上必定有一场宴会。假如利用宴会厅的主要是住在旅馆里的客人，那么将客房布局在距离玄关较近处，而将宴会厅安置在更里面比较好。

然而到了现在，使用宴会厅的客人不一定都是住宿客。相反，住旅馆的客人办宴会很少，宴会厅基本上是只办宴会的客人用的居多。吉村很可能是洞察到了这种时代的到来，为了不使住在里面的客人与只使用宴会厅的客人挤来挤去，才将大宴会厅安置在这里的吧。

一房两卫

打过招呼，一位年轻的女服务员带我去客房。我一边回想着事先储存在脑子里的平面图，一边观察，这里也有很多地方让我有“果然如此”之感。

为我准备的是在走廊尽头客房大楼“雪”的一楼叫作“雪舟”的客房。走廊由大厅往南北两边延伸，若是直线走到客房门口，大约五十米左右。但是建筑师将走廊设计成在中途向左右两边拐弯，再稍稍前行，又是一个左右拐弯，不仅令人有一种距离较远的感觉，而且更提高了客人对尚未谋面的房间的期待感。如果将走廊设计成笔直的话，从头到尾都看得一清二楚，就像是公寓的走廊似的，这样会令客人对这旅馆的第一印象变得乏味无趣吧。而且走廊铺的不是木板，而是榻榻米，再加上拐弯处墙壁上的照明灯具，更令客人强烈地感受到，好像自然而然地被引向了大楼的深处再深处。

进了房间，我听着女服务员的解释，吃惊得不由得发出声音来。因为随着服务员的解释，我进入洗手间，看到里面竟然有两个厕所。

在到访之前，我满以为已经将旅馆的图纸存入了自己的脑子里，可是并没有将房间的格局、管道及周边情况等详细信息输入进来。

无论是独门独户还是公寓，若是有两个以上的人居住的话，厕所一般应该建造两个或两个以上，这是我一贯的主张。我写过好几部有关如何选择公寓的书，一直以来都是如此强调的。

实际上，独门独户都会这样做，但是公寓还很少有住户愿意实践我这个主张。从一开始，除了是面向外国人的住宅，日本人居住的公寓即便住房面积超过一百平方米，大都还是一成不变，仍然只有一个厕所。

面对这种一成不变的状况，我已经基本死心了。而看到吉村居然为旅馆客房设计了两个厕所，令我深深感到这位建筑师早已敏锐地洞察到了未来厕所这一空间的必要性。

我再次对自己说：建造这旅馆可是在五十年前。

一个人住旅馆的客人很少。若是有两个以上的客人住店，一个厕所的话就嫌少了。估计是为了消除同住的客人如厕时的顾虑，才设计了另一个厕所。这明确表现了重视设备的建筑师所特有的构思。

从房间往外眺望，也能看出建筑师的构思。庭院的树木长得格外茂盛，与想象中的情景略有不同，但从设计来看，还是自然地明白了建筑师重视剖面图的用意。在较窄的庭院里种植了低矮的灌木，从窗户望出去，水渠的碧绿水面及葱郁的松树林荫与蓝天相接，形成不同层次的风景，与不时穿过水面的船只相映，着实大饱眼福。

第二天清晨，我赶在日出前出门而去。来到水路的对岸，从那里眺望旅馆的外观。越过浮在水面上捞蛤仔的小舟，看到二层小楼与一层小楼的屋顶上下相连，错落有致，融在了天桥立的风景中。

吃过早餐后，我请现任会长——文珠庄第十二代当家空出点时间，给我介绍旅馆建设的经纬始末。

“吉村先生肯定也在想，碰到一位古里古怪的人了吧。因为也不经人介绍，还每天往他的设计事务所跑。”

亲自登门去拜托建筑师设计的，是会长之前的上一任当家。

那么，上一任当家为何在众多的建筑师中选择了吉村顺三呢？

听了我的提问，会长是这样回答的。

建一座俵屋那样的新馆

在俵屋三层楼的新馆刚刚建成不久，在天桥立开旅馆的这位当家便前往拜访。

从1690年（元禄三年）创建茶室的几世勘七算起，他是第十一代当家。

已经在天桥立经营着两家旅馆的第十一代当家，很早就通过国际观光旅馆联名的协会，与俵屋老板娘佐藤年有着密切交往，当家夫妇俩还去俵屋住过好几回。他常听说，俵屋包括增建本馆的两间客房在内，需要改造时都是委托东京著名建筑师吉村顺三的。而且，他还听说过有关这位建筑师担任皇居新宫殿设计的故事，所以当他新买下了通往宫津湾的水路沿线的填筑地，计划在那里建造新馆，考虑委托什么人设计的时候，首先想到的就是吉村顺三的名字。不过，他同时也在考虑其他几位极具吸引力的著名建筑师，正当难以抉择之际，吉村的新作，俵屋新馆完成了。

前任当家（第十一代当家）即刻就赶去住宿了。当看到占地面积只有一千三百平方米的地方，建造起有着如此丰富空间的建筑时，他非常佩服这位建筑师的才能，于是坚信自家新馆的设计非吉村顺三不可。他认定，若是委托吉村顺三,一定能为占地面积近七千平方米的新馆设计出最佳方案。

前任当家即刻动身赶赴东京，来到了建筑师的事务所。

建筑师以目前业务繁忙为由，拒绝了这项设计请求。当时的事务所确实有很多项目，有在爱知县刚刚动工的大规模工厂工程设计，而在大阪的办公大楼设计也到了最后阶段，除此之外，还有五栋住宅的设计正在同时进行。不过，建筑师还是留下了“若是迟些时候”的话。前任当家从希望竣工的日子推算，设计与施工的时间加在一起也只有一年，觉得时间太短了。

然而，前任当家并没有放弃。住在东京的酒店里，第二天，然后第三天，每天往事务所跑，不屈不挠。据说建筑师是一边抱怨说“我真是服了你这可怕的热情了”，一边答应了为其新馆进行设计。

“我从老当家（前任当家）那里早就听说过，要数当今的建筑师，不是吉村顺三先生，那就是丹下健三先生了。”

这可与俵屋的佐藤女士先前说过的正相反，她说除了吉村顺三之外，还考虑过其他建筑师，如吉田五十八及堀口舍己，并没有考虑丹下先生。

“总之，老当家性子比较急，而且他这人一旦认定了就会钻牛角尖。”

既然土地已经到手，那就期望能够尽快开业，哪怕早一天也好。但是，又不想在选择建筑师的问题上妥协。前任当家盼望在自己的新馆也能再现俵屋那样舒适的居住环境，他不仅要委托同一位建筑师，而且还直接向俵屋的佐藤女士咨询了被褥等是向哪家公司定做的。

如今大家不用说都知道了，俵屋旅馆的被褥都是高档品，褥子使用的是来自大约一万只茧子的真丝，被子则是由波兰人用手从六十多只活的母鹅胸脯上拔下的绒毛做成的。但是这项工作，俵屋老板从新馆开张时就开始进行了。旅馆经营者对床上用品的这种执着，也自然而然地传达给了文珠庄前任当家吧。

京都的俵屋，自新馆建成以来，直到现在仍有旅馆经营者及建筑相关人士到访，来学习和仿效这里的装饰和构造，这样的事例不胜枚举。我以前访问过的，由平田雅哉设计的福井县露天温泉旅馆鹤家的老姐也说，京都的俵屋坐地石灯笼很漂亮，她为了找这种石灯笼还特意去了一趟京都。在旅馆中设置图书馆和书斋空间这种构思，恐怕也是从俵屋流传到日本全国的吧。

不过，因为实在太敬佩，不满足于仿效，而是委托同一位建筑师，从头开始设计，这样的旅馆经营者我还是第一次听说呢。

保留在京都的、由吉村设计的两家旅馆，除了竣工时间相近，又同样位于京都府，其实还有着更深一层的密切关系。

镌刻在门窗上的匠心

出了温泉，我在休息室尝了一口奉送的年糕红豆汤。不由得为这凉爽的甘甜深深赞叹。闭起双眼，脑海浮现出的是参观时看到的、旅馆中遍布的吉村顺三风格的创意。壁龛几乎都是原本的设计，进深约六十厘米，不是很深，给人以轻快的感觉。吉村式的壁龛都不使用名贵木料，这与在俵屋听到的相符。使用的都是三合板，外加一层松木薄板，壁龛的设计与装饰都很简单，或是镂空成半月形的小壁，或是吉村自己用木条做成菱形的拉门，控制了成本，但又不显得档次低。在有限的经费预算下做选择，成功地运用有限的材料营造出优雅的氛围。

大宴会厅舞台的幕后没有墙壁，而是一面硕大的窗户，从那里可以看到具有天桥立特色的松树林和水路，这也是对景色十分讲究的吉村所特有的设计。左右拉窗夹在吉村式拉门之间，装点在天花板上的照明灯具也是出自建筑师之手。

“听说吉村先生对水边的景色情有独钟。”

吉村在很短的设计期间为前任当家提供了好几个方案。据说其中有一个方案是要将水路的水引入旅馆院子内，希望让行走于走廊上的客人也能欣赏到涓涓细流。可惜的是，这个提案因工期和预算有限，最终没能实现。

各间客房窗户的结构也很别致，由外及内依次是纱窗、玻璃窗、防雨套窗以及拉窗。平时，纱窗和玻璃窗都是开着的，只有在下雨及风大的时候才会将纱窗和玻璃窗关起来，而防雨套窗和拉窗是时开时关的，这也是建筑师的构思吧。这样的话，从房间无须透过玻璃窗就可以看到外面的景色了。让客人身居室内也能感受到风吹，闻到绿植和潮水的气息，轻松随意地出入庭院。我感受到了建筑师的这份心意。

我向会长询问建筑师的真正意图，他先说也有这层意思吧，然后便为我做起说明来。

“我们这丹后地区，到了初冬时节，很多时候会有所谓‘下雪前打雷’或‘鱼汛前打雷’那样的大风大雨。客人们来自全国各地，他们并不了解这种情况。当半夜里天气突然发生变化时，首先要考虑的是客人们的安全，听说这是为了能尽快地关好防雨套窗。”

到访的客人，基本上都是为了能在白天、傍晚、夜里以及凌晨从房间欣赏窗外的景色。夜里就算客人已经把玻璃窗关上了，旅馆的职员们也不可以自说自话地把挡住视线的防雨套窗关上。在这样的情况下，若是到了深夜遇到天气突变，不用去打开玻璃窗就可以将防雨套窗关上，确保了客人们的安全，建筑师应该是出于这样的考虑吧。即使强风带着飞来之物，比如把玻璃窗打碎了，但总比客人为了关防雨套窗须先去打开玻璃窗而受伤要好吧。

我打开从东京带来的杂志复印件，里面有两整页的剖面图。这里清晰地标注着各扇窗户的顺序。

“就图纸而言，就是重视剖面图所反映的人的作息、人的眼睛和身体的动作。”

我对照实物看着图纸，感觉自己又一次领悟到了建筑师话中的深刻含义。

别墅一样的旅馆

我一边品尝着年糕红豆汤，一边回忆起会长告诉我的有关旅馆开业后的一件趣闻。

“之前，本田宗一郎曾经来这里住过。那可是很大排场，是乘坐直升机来的哦。他好像是不主张住别墅的，还说若是有两三间别墅，反而束缚了手脚。他说，有休息时间了，可根据自己当时的心情，去自己喜欢的地方就好。

“本田宗一郎在离开旅馆时，特意从车窗探出头来向我招手，让我过去一下。我当时还是专务，心里很紧张，生怕他责备，小心翼翼向前询问他有什么吩咐。他对我说：‘你听着哦，这里就是我的别墅啦，你可要弄漂亮点哟。’当时我真是受教了，明白了旅馆应该是个什么样子。我们经常会随口就说什么像别墅一样的旅馆，但实际上要做到可不容易了。在旅馆，一般来说职员们很多时候都是按各客房的名字来称呼客人的，但如果换成是某人的别墅，当然必须要记得所有客人的名字了吧。就是打扫房间，也得根据客人的情况而定了。”

的确如此啊。就拿用餐服务来说，在房间里等着的不是到访的客人，而是别墅的主人，也就是自己的雇主。这样的话，应对方式当然也就不同了。这是凭自己这一代就打造起了一家汽车制造大公司的人物所说的话，很有分量。

喝完年糕红豆汤，我回到了房间，负责客房服务的年轻女服务员正在准备晚餐。白天，我说想出去看看旅馆建筑的外围时，就是她告诉我说天桥立最有名的是叉开双腿、弯下身子从两腿之间看景色。

在俯瞰大海的山坡瞭望台上，男女老少都把头低到叉开的双腿之间，然后相互拍照留念。因为从双腿之间看到的延伸到对岸那细细长长的松树林，就好像是一条龙正飞舞升天。

昨晚，用过晚餐，我再次外出拍摄，回到房间已经很迟了，看到铺好被子的房间里还准备了作为消夜的饭团。一定是她知道我会写稿子写到深夜，特意为我准备的。放在饭团边的一张信纸上，还写了一些请我保重身体的词语。

我说：“今天天气真的很好啊。”她停下晚餐的准备，好像自己也是一位羁旅之人，为有一个好天气而感到高兴。“天桥立怎么样？”她问我。

我站着说道：“观光客们为了把头低到叉开的双腿之间拍照留念，都背朝大海站在了拿着相机的人面前。”

我学着游客们的样子给她看。

“当他们把头低到两腿之间才发觉，这样根本拍不到最要紧的脸啊。随之就都哈哈哈大笑起来。”

听了我的讲述，她像小鸟叫一般笑出声来。

第三天早上。我正在房间里整理采访时做的笔记，会长两只手抱着以前刊登有这家旅馆的建筑杂志和作品集，亲自送了过来。有的我已经看到过，但其中也有第一次读到的资料，我到总台旁边的办公室请他们帮忙复印。弄完以后，我将这些宝贵的资料又送回会长手上。

“不过，好像不只是我们老当家一个啊。”会长收下资料，突然这么说道。

“您说什么？”

“我是说喜欢上俵屋旅馆的设计，然后跑去委托吉村先生设计的旅馆老板。”

“哦？还有其他人吗？”

听到这意想不到信息，我加快了语速。

会长轻轻地点了点头。

“您知道这家旅馆的名字吗？”

我边问边在脑海里搜索着自己在东京制作的清单——吉村设计的旅馆清单。那家旅馆是否就在其中呢？

“那当然。我告诉你吧，这就是——”

穷尽半生

我从东京直接给各家旅馆打电话，并就它们与吉村顺三的关系进行了采访。结果才慢慢发现，我当初制作的吉村清单，不过是极少一部分而已。

补充以后应该如下所示。

名称	竣工年
国际文化会馆	1955 年
小涌园酒店	1959 年
俵屋本馆增建	1959 年
京都国际酒店	1961 年
俵屋新馆	1965 年
文珠庄新馆	1966 年
藤田福井酒店	1969 年
大正屋新馆	1973 年
仙石芙蓉庄	1974 年
大正屋别馆、独栋建筑改建	1978 年
文珠庄新馆增建	1979 年
大正屋大广间改装	1983 年
大正屋餐厅改装	1983 年
大正屋小卖部改装	1983 年
大正屋大浴场四季之温泉	1985 年

文珠庄新馆增建	1985年
大正屋大浴场泷之温泉改装	1986年

据说这家旅馆的老板因为住过吉村设计的俵屋后，就喜欢上了，所以也委托吉村设计自家旅馆的新建工程，之后的增建、改建等也都是委托其负责设计。

吉村1997年去世，享年八十八岁。完全可以说，他整个后半生一直都维护着这家旅馆。

有关这家旅馆的名字，看了重写后的清单便一目了然。

就是不断重复出现的名字。

从再访京都之旅回到东京的三个月后，我又来到位于著名茶叶产地佐贺县嬉野的一家旅馆大正屋。

寄情于旅馆
——嬉野温泉·大正屋

发挥女性特有的眼光

吉村顺三设计了很多建筑，如京都的俵屋、文珠庄新馆以及旅馆建筑、酒店建筑。其中，无论是从建筑规模还是建筑师经手的年数来看，大正屋都称得上是吉村设计在住宅建筑方面的集大成吧。

目前，这个环绕庭院建造起来的建筑群大致可分为本馆、东馆、独栋以及四季之温泉这四大区域。

本馆为三层楼结构，是吉村最早的设计，在1973年完成。有入口处、前厅、大宴会厅“平安”、大浴场“泷之温泉”、餐厅“山茶花”等设施，还有四十四间客房。

独栋建筑是四层楼结构。除了大厅，还有特别客房及茶室“众芳亭”等共二十三间客房。

四季之温泉为三层楼结构。一楼是停车场，二楼和三楼是大浴场，上下分别为男浴室和女浴室。

东馆为五层楼结构。除了会议室之外，还有八间客房。

因为入住时间还早，我先把照相器材和行李箱寄存在了总台，顺着清扫好的客房从头一间间地参观。

这家旅馆经过了多次改建和增建。不仅是吉村顺三在世时，在他去世以后也进行过改建和增建，所以说心里没有一点顾虑，那也是在说谎。

我担心，在改建和改装的过程中，本应被视为集大成的设计是否已经荡然无存了呢?

从本馆往环绕庭院的独栋建筑前行，我首先瞅了一眼最先看到的客房，憋在心里的一丝不安瞬间被打消了。

玄关脱鞋处。天花板吊下的照明灯具、搁在窗边的书桌、厢房中的低靠背椅子、大框架、粗格棂的拉门等，还有最吸引我的看不到框格的窗户，将我们的视线带向那宽敞的庭院。这些都是吉村顺三特有的设计风格。

我参观了隔壁的客房，接着又来到相邻的客房。

这些相邻的客房，间隔虽然相同，但每间客房给人的印象却大不一样。因为每间客房，从房间尽头那硕大的窗户看到的庭院里的景色各不相同。一楼客房的窗外走廊前面有一条小溪淌过，潺潺溪流再过去才是绿茵茵的庭院。

这，或许是……

吉村在制订文珠庄新馆计划时，当初所提出的方案是要循着走廊的沿线，将水路的水引过来形成一条潺潺溪流，后来因预算和工期的问题只好放弃。这个计划，吉村是否在大正屋嬉野温泉实现了呢？

还有客房“山乐”窗边所描绘的景色也很美。幸好，在开着租来的车来旅馆的路上，下了零星小雨。在雨后柔和的阳光照射下，庭院里的树叶、青苔像是被水打过一般，闪烁着恬静的光芒。

各间客房空调的冷风，从墙壁不显眼处的隙缝里吹了出来。书桌上当然安装了电脑用的插座，从脚下部分也有凉风吹来。令人感到建筑师在设计时，充分地站在客人的角度，考虑得体贴周到。

这不是从男士的视角来考虑的。墙壁上穿衣镜的位置，是考虑到方便女士穿着和服进行安装的，为了方便女士化妆，在桌子上也放置了镜子，随处可见对女性顾客的温情照顾。

我不由得心想，这是否是吉村夫人出的主意呢？建筑方面的事情不得而知，但据说吉村在发表文章时，会先读给夫人听，然后再重复推敲好几遍。

夫人名叫大村多喜子，是位小提琴家。1916 年出生，所以年纪比吉村小八岁。进入东京女子大学后赴美留学，她是第二次世界大战前日本第一位进入朱莉亚音乐学院（The Juilliard School）学习小提琴的才女，与吉村是在从美国回日本的轮船上相识的。

无论是旅馆还是酒店，除了因公务来住宿的客人之外，如今，为了放松休息一下来住的客人中，女士居多。或许是洞察到时代发展的建筑师强烈地意识到，作为一个专业人士要站在女性的视角考虑周全。

吉村在进行住宅设计时如是说：

“我一直认为，一定要建造主妇们愿意待的居所。

“因为若是主妇不感到幸福，就不可能有幸福家庭，家人也不会幸福。”

把他的这番话用于旅馆设计，那就是“若女性顾客不感到幸福的话，就不可能有愉快的旅行，旅馆也不可能兴旺”。

沿着独栋建筑的一楼走廊往里去，一直走到尽头，我看到客房门上写着两个字“水晶”。这是一间特别客房，有和式房间与西式房间。它不仅仅比其他房间宽敞，房间角上用玻璃框围着，没有木条框，更具有开放感，而且移门的门框都做进了墙壁里，更加强了房间与庭院的融合。

这间客房内装修很简洁，但是在设计上巧妙地将庭院的风景引入房间，使得进深更具层次感。设计巧妙地应用窗户的位置，使得通风畅顺。若想要使用镜子，已配备好了适度的照明，在设计时就细心周到地考虑到了客人的视线。硕大的隔扇就好像是一整面移动的墙壁，尽管建成后已经过了数十年，但是移动起来仍然轻盈灵动，着实令人吃惊。

客房“水晶”就好似吉村设计风格的范本，从俵屋新馆到文珠庄新馆，都始终如一。

宛若舞台

到了办理入住手续的时间，我回到了前厅。刚在芳名册上写了名字就听到：

“这边请！”

马上就有身着和服的客房服务员过来引领。身材虽然娇小，但从其项背可以感觉到很有品位。我们往独栋建筑的南侧而去。这里隔着庭院，正好是在我刚刚参观过的北侧的对面。之后，沿着微暗的走廊来到了尽头。

众芳亭——据说是一间带有专用茶室的客房。进了房间，又沿着走廊前行。

“这里是套间。”

女服务员打开了左手边的隔扇。

八叠大的客厅。进门处的天花板是竹席做的，里面的天花板更高一些，是用一根根细竹子架起来的。

我的视线顺着天花板上的竹子，被引领到了窗边。左右打开着的拉窗将庭院的绿色剪辑成了一幅绘画作品。

一瞬间，我心里在想，雨后的室外颇有凉意，怎么还开着玻璃窗户呢。

其实不然。那是因为在葱郁的景色中丝毫看不到那玻璃窗的框架，望出去就好像没有玻璃一样，窗户的框架巧妙地被拉窗遮住了。

榻榻米上设有一方地炉。虽然从房间结构来看像是一个套间，但或许这里是茶室吧。拉门里面还有一间像是洗茶具的房间。

我在入口处停下脚步看得出神，女服务员再次引我来到走廊。走了几步，还是在左手边，打开隔扇。这里是主卧室，比茶室客厅要大一圈，有十二叠大小。左手是壁龛，正面是很大的拉窗，右手是两扇像墙壁一般的移门，从地板直通天花板。房间光线明亮，格子相间的窗户纸上，摇曳着透过树叶照射过来的阳光。

抬头一看，进门处隔扇的楣窗上有个木框架，像是三座小山的轮廓错落有序地排列着。这种造型令人联想到了修学院离宫的“渔网状栏杆”。这很符合吉村特有的娱乐心态，他在读大学时，每个星期都会去京都，实地测量古建筑，进行研究。

这里的天花板也是细木条架起来的，细木条用的是杉木。木纹的纹理仿佛是用刷子刷出来的一样，看着是细杉的横截面吧。

我盘腿坐在垫子上，女服务员在大桌子对面轻快地走了一步，跪了下来。

“欢迎光临。”

两只手放在榻榻米上，深深地低下头来。

“啊！请你多多关照！”

我也把头往前凑了一下，这才看到了她的名牌上写着“友子”。

友子撑起脚趾尖，慢慢地将身子转了90° 。顺手开始把大大的拉窗打开，一扇、两扇、三扇。

我眯起眼睛看着。

放着制作精致的椅子的厢房出现了，在玻璃窗外，金黄色的阳光照耀着满院的葱郁。

无论是旅馆还酒店，通常当客人被带到和式客房，打开入口处的门，踏足入内看到的隔扇都是开着的。理由或许是，这样房间给客人的第一印象就是很敞亮吧。不过，我倒觉得，很可能是为了减少引路服务员的工时吧。先开着的话，至少省略了一道工序。

客房的拉窗也一样，一般都是在带客人进房之前就开着了。有人可能认为，一进入房间，就能看到窗外景色，会加深客人对这里的印象吧。而我却认为，正因为事先遮住了景色，当覆盖在眼前的幕布被拉开时，满园葱郁一下子映入眼帘，反而加深了客人对这里的印象。

等观众坐下，神闲气定，当着观众的面将幕布顺畅地拉开，这样才是最合时宜的。幕布后面的舞台慢慢地出现在观众眼前，观众为之入迷。

我盘腿坐着，感觉自己就好像不知不觉地走进了森林。

奇迹般的相遇

嬉野温泉在嬉野川两岸一共有大小五十家旅馆，鳞次栉比，这在九州也是屈指可数的大温泉街道。其中有一家老店，就是1925年（大正十四年）开业的大正屋。

总经理山口英子出生于1919年，也是以收藏有田烧等名贵瓷器而著名的收藏家。

友子告诉我说：“山口英子对职员们的身体比对自己的身体还

关心。”山口英子虽然很健硕，看不出有那么大的年纪，但是几乎不在客人跟前露面。

大正屋从大正时期开始就一直经营大澡堂和温泉旅馆，之后来温泉疗养的客人增多了。在战前，很多到附近的海军医院来慰问的人都住在大正屋旅馆，很受欢迎。正是在那个时候，总经理嫁到了这里。然而，结婚后不久，丈夫应征入伍，公公婆婆也相继去世，而战争结束后复原回来的丈夫也在 1951 年随其父母而去了。此后，总经理独自一人支撑着旅馆的经营，渐渐地发展成在嬉野数一数二的大旅馆。

我与总经理约好第二天下午两点，请她空出时间来给我介绍一下当年她与吉村顺三是怎么相识的，以及之后交往的情况。

自我介绍过后，我首先向她询问了到目前为止工程的情况。

大正屋在 1953 年以后，反复进行过好几次改建和增建工程，设计都是委托福冈县当地的建筑师，相互之间的配合还是很默契的。但是 1966 年，在独栋楼增建了两间客房，用了一两年以后，总经理总觉得整个建筑有什么地方不对劲，与自己所追求的旅馆建筑风格出现了明显的分歧。

虽然总经理当时正计划着要将本馆拆除建造新馆，但是她再也没有意愿去委托一直以来委托的那位建筑师。那么，该委托什么人呢？她心中也毫无头绪。

陷于迷茫之中的总经理找到了有过交往的专业杂志《酒店旅馆》的总编进行商量。

“这正是一个好机会，您去其他旅馆看看，怎么样？”

总编给她推荐了一些值得参观的旅馆。

有京都的俵屋、文珠庄等。

总经理曾经听说过文珠庄的名字。她还记得两年前，在文珠庄新馆开业的时候，收到过介绍其旅馆的明信片。

“我想起来了，文珠庄寄来过一张明信片，上面还有旅馆的草图，现在想来那就是吉村先生画的设计草图，当时也是一见倾心。”

看来，两年前京都一家旅馆寄来的一张开业通知，之所以还存留在佐贺县旅馆经营者的脑海里，全靠建筑师画的一张草图啊。

“当时，我最小的弟弟从东京的大学毕业后，在鸟取县皆生温泉的一家酒店工作，离京都市内和天桥立都比较近，故而把他叫了过来，我们两人先一起去京都的俵屋旅馆住宿。”

总经理是兄弟姐妹十人中的长女。最小的弟弟山口保先生现在是大正屋的常务。

“我们在俵屋旅馆住了一宿，第二天又去了文珠庄旅馆住宿。于是就看到了水路沿线漂亮的建筑，我们赞叹不已，完全被迷住了。”

已年过九十的总经理，两眼闪烁着少女般的光芒。想必在1968年夏天，她第一次看到水路沿线那宛如演奏音乐般的建筑时的感动，又涌上心头了吧。而且，据说当她知道这些建筑与让她陷入迷茫的大正屋独栋建筑一样，也是两年前建造的，两者的落差如此之大，令她感到十分震惊。

“因为这两家旅馆都是杂志总编推荐的，所以完全没有想过究竟是谁设计的。当文珠庄的老板娘告诉我说，这里和俵屋旅馆是同一位建筑师设计的，我又大吃了一惊。”

“真的吗？”

我不由得提高了声音。因为我来咨询之前，满以为她是事先知道了这两家旅馆都是吉村顺三设计的，才连着到两家旅馆去住宿的，结果得知情况并非如此。

世上有很多事情都可用“偶然巧合”一词来解释。大正屋的总经理山口英子与建筑师吉村顺三的相遇，或许也可以用这四个字来说明。

正当英子总经理为今后旅馆建设感到迷茫的那一年，偶然巧合文珠庄竣工了，一张介绍其旅馆的明信片寄到了总经理这里。在连日寄来的好多封明信片中，印有建筑师设计草图的明信片偶然巧合存留在了总经理的记忆里。帮总经理想办法的总编觉得俵屋和文珠庄值得参考，便推荐她去看看。总经理一下子回想起曾经收到过这样一张明信片，于是决定去住宿看看。她在两家旅馆住宿了以后，十分感佩，而当知道两家旅馆正是同一位建筑师设计的，于是又对此机缘巧合感动不已。

一个接着一个的偶然巧合，促使了两者相遇，我不得不感慨两位有着很深的缘分。

非包揽不尽兴

到了 1970 年，大正屋开始具体实施拆除本馆建造新馆的工程。

资金方面也有了眉目，当要决定由谁来设计的时候，总经理脑海里浮现出的建筑师的名字只有吉村顺三。

通过文珠庄老板娘的介绍，总经理即刻派人来到了东京事务所委托建筑师设计。

“当时总经理是不是与专务一起去的？”

“不是的，我可不敢见这么有名的建筑师啊。”

听见我这么问，总经理不好意思地笑了。

据说，当时负责与银行交涉以及对外业务联络的是英子总经理母亲的弟弟，也就是她舅舅，他去了吉村事务所两次。

“这样一来，吉村先生说想见见我，没办法，我只好去了。”

这下我也笑了。

“这才第一次与吉村先生见面了。”

专务第三次前往吉村设计事务所，英子总经理是第一次同行。

“我们来到了位于赤坂的地板装修的事务所。一见到吉村先生，便感到他实在是位很温和的人。而当时我一直有点紧张，他倒是很大方，话也不多。他说他们不仅负责设计，从家具到照明等，所有工程不包揽就不尽兴，所以做不了很多家的。他介绍了所设计的建筑数量，然后对我说，那就帮你设计吧。”

吉村之所以说要见总经理，并不是为了见了总经理以后再决定是否接受委托，而是因为在正式接受设计委托的时候，需要当面向总经理传达自己的想法和决定。

“商谈好以后，还在事务所吃了为我们准备的盒饭，真是很不好意思。”

当年，英子总经理五十一岁，吉村顺三六十二岁。

建筑师的职责范围不仅限于建筑。吉村对英子总经理所说的话，设计事务所原职员奥村昭雄也说过，他说：

“吉村先生的理念是，建筑师建造柱子啦、屋顶啦，并不是目的，目的是为了创造一个生活环境，所以，他认为不仅家具，日常用品和纺织品都属于建筑师的职责范围。”

理论上来说，的确如此吧。但实际上，愿意这样做的建筑师有多少呢？现实中，住在自己设计的房子里，所使用的家具、器具、照明灯具等，所有一切都是自己设计的，这样的建筑师少之又少。若预算有余，一般就会委托家具专家来设计，要不然就从成品家具中挑选了。

人们对建筑师设计能力的要求，与对家具和照明设计能力的要求是完全不同的。听见建筑师的大名就会令大家联想到特制家具和照明灯具的，也只有吉村顺三和村野藤吾等极少一部分建筑师了。

定居当地的建筑师

从东京回来时，吉村对英子总经理说，有时间的话，回家途中可以顺道去一下福冈寿司割烹的河庄，于是他们就去了河庄。那也是吉村设计建造的店铺，与俵屋一楼的增建是同一年完成的。据说总经理对河庄店老板高木健说了这次委托吉村先生为自己的新馆进行设计的事情，河庄店老板给了她一些宝贵的建议。

“高木老板建议我说，哦哦，既然是委托吉村先生，那就没问题了，你就啥也不说为好。我也一样，委托先生时就说了要设计七十间客房，大约预算是多少，至于其他，一切都拜托先生做主了。”

就连各房间的大小、间隔、附属设施等全都由建筑师做主。

我觉得，英子总经理之所以将一切都拜托给吉村先生，除了因为有自己三番五次地前去打搅这位之前从未见过面的著名建筑大师，最终得到了他的同意这样一个经过，最主要的是因为在最初的商谈阶段，总经理就深深感受到了这位建筑师本身会为客户周全考虑尽量减少成本吧。前面已经提到过，吉村顺三是一位建筑预算成本越低越有热情的建筑师。对于委托设计旅馆建造的经营者来说，没有比这感到更可靠的事情了。

“先生第一次来这里，刚到时说的话给我留下了深刻印象。他说，啊啊，我终于来了。”

这体现了建筑师敦厚而幽默的性格。

设计是在 1971 年 1 月开始的，花了一年多的时间。

第二年的 4 月，开始施工。吉村事务所负责现场工程的是建筑师板垣弥也，他出生于 1944 年，当年二十七岁。我想象着板垣频繁地往来于东京和嬉野之间的情景，可其实不然。总经理告诉我说：

“板垣先生把家搬到这里居住，把夫人也接过来了，男孩也是在这里出生的。”

吉村顺三设计的大正屋第一期工程从 1972 年 4 月开始，到

1973年8月。其间，设计事务所负责这项工程的建筑师带着新婚的妻子成了当地居民，还在这里生了孩子。若是大规模的建筑工程，设计事务所的负责人为了监督施工就会长期住在当地，这种情况并不少见，但是将整个家搬到当地，在这里建立一个新家庭的，我还是第一次听说。

"大浴场泷之温泉石头摆放的位置，都是吉村先生到现场亲自指挥工匠们搭建的。"

有一张透过浴池的玻璃可以看到瀑布的照片，我到访旅馆前在旅馆的网页上也看到过。客人眼中看到的究竟是怎样的绿色和泉水呢？根据石头大小以及形状的不同，通过微妙的不同位置摆设，瀑布位置、幅度及水势会产生不同的变化。从大浴场看到的景色，是建筑师赤着脚走入池中，与工匠们一起摸索，最终营造出来的。

1974年2月，举行了盛大的新馆落成典礼。

即便工程结束了，英子总经理与建筑师的交流仍在持续。

"在轻井泽有一个旅馆业界的聚会，我跟板垣先生说了我将去参加，他告诉我说吉村先生一家人正好也在轻井泽的别墅，会待上好几天，不过他们一家人离开的那一天正好是我们聚会的日子，所以吉村先生就一个人留在了别墅，于是我就乘坐出租车前去拜访了。"

吉村的别墅"轻井泽山庄"作为著名的住宅建筑广为人知。

"总经理一个人吗？"

"是啊，一个人。我真是难为他啦。"

旅馆的一位女性经营者与著名建筑大师，在轻井泽建筑师的别墅里，在建筑师家属走了以后，两个人单独会面。我虽然没说出口，但总觉得像是一段艳遇故事。

“吉村先生把我带到了别墅上面的卧室，解释了一番以后，给我端上了点心和红茶。他说那美味可口的点心是用轻井泽出产的胡桃制作的，不过我想，吃了美味点心就这样走了，是不是不太好。”

“所谓就这样走了是……”

“先生是一个人留下的，我担心这之后的洗刷和收拾。”

说到这里，我与总经理又相互莞尔一笑。我想象着昭和时期极具代表的建筑师，为一位女性客人端上红茶，并在之后动手洗刷和收拾的情形。

“若是由我来洗刷收拾，也挺奇怪的吧。结果我就这样回去了，但是我一直惦记着洗刷的事情。”

另一位曾经到访过吉村的别墅、亲眼看过吉村先生举止的建筑师内井昭藏这样说：

“可以说吉村先生很有生活经验，各种事情都是亲力亲为。锁门、打扫、做菜等，我亲眼看到过他收拾好以后再离开别墅的情景，觉得他做事非常勤快，认为就是这种勤快决定了细节。”

来自生活的建筑细节。

在这里，让我再一次感受到了吉村设计风格的魅力。

师传徒承

新馆建成，不过是吉村顺三经手的大正屋项目的最初一步而已。

1977 年 12 月，又将已有的二十二间客房拆除重建。第二年 9 月，拥有独立茶室“众芳亭”的独栋建筑及别馆落成。

接着，设计与施工仍在继续进行。对大宴会厅“平安”的装修，餐厅“山茶花”的改装，商店的改装，增建大浴场“四季之温泉”，改造大浴场“泷之温泉”，等等。

即便是著名建筑师设计建造的著名建筑，没过多少年就坏了，这样的例子数不胜数。建筑师再怎么用心，由于委托方欠缺爱惜之情，建筑老化严重，东倒西歪，惨不忍睹。

吉村的作品中也有好几个类似的情况发生，很遗憾。曾经在一次演讲会的采访中，吉村自己谈到了有关“建筑命运”的话题，说建筑师也会被卷入重商主义思潮中，并指名道姓地拿自己设计的某酒店开刀，叹息道：“对于我来说，已经死心了。很绝望。”

大正屋从大规模新建、增建、改建工程到细小的装修，一直是委托吉村的。负责现场工程的一直是板垣。

到了 1990 年，东馆新建工程开始施工。设计者则不是吉村顺三了，而是板垣弥也。吉村将大正屋的今后托付给了刚刚从吉村事务所独立出来的板垣。这当然是因为吉村已经是八十二岁的高龄了，但吉村自己也感到山口总经理以及各位高层对板垣十分信赖。当年板垣四十六岁，从成为嬉野居民在现场监督工程迈出的第一步到现在，整整二十年过去了。

东馆在第二年的1991年落成。同年又开始了本馆客房的全面装修，以及大浴场“泷之温泉”的全面改装。到了1995年，又在大正屋用地之外的地方，另外建造了以年轻旅行者为对象的住宿设施椎叶山庄。第二年汤豆腐本店建成。1998年，椎叶山庄的“大露天浴场椎叶之温泉”竣工。1999年建造了“椎叶之温泉”室外休息场所与吸烟室。2001年，大正屋全馆内部设施改造工程竣工。

每一个项目都是由板垣弥也设计的。

椎叶山庄建成的第二年，1997年4月11日，吉村顺三逝世。

随着著名建筑大师的去世，想必有许多旅馆和酒店都因失去了得以依靠的支柱，而为现有建筑的维修和改造，以及新项目的咨询等烦恼吧。大正屋的英子总经理当然也是其中之一。不过，大正屋已经与其弟子板垣建立了深厚的信任关系，因此才能做到将痛失支柱的损失减少到最低。

“我们请板垣先生在没有工程的时候每个月都来这里。”

“每月都来？这又是为何呢？”

独立以后的板垣事务所设立在山形县，而大正屋则位于佐贺县。交通费当然由委托人支付，但是，即使走一个来回也很花工夫。若是有工程就不说了，没有工程也要为了委托人的咨询业务，每个月都要纵贯日本列岛来到委托者这里，这样的建筑师我还从来没有听说呢。

“是住一个晚上就走吗？”我想再怎么也不可能当天就走吧。

“不是的，在这里住一星期吧。”

“一星期？！”

若是有工程则另当别论。我头脑里又浮现出了同样的台词：每月都来，而且要住一星期。

“厕所设备换新啦，引进电脑及安保等新设备啦，从这些建筑的改造与维修，到家具和窗帘的购买等，他当然会给我们一些意见，还会对餐具以及各种备用品的重新购置给出建议。总之，一直以来，什么事情都找板垣先生商量，才得以确保。”

2004年2月，英子总经理为了大正屋的飞跃性发展，收购了附近的旅馆老店。她打算通过尽可能不花费太多时间，但又能取得良好效果的改造工程，在本年度内就可以让新旅馆开业。

从考虑收购的时候开始，总经理就找板垣商量如何施工了。但是那时，时间已经是十分有限了。

“板垣先生在2002年已经检查出了癌症……”

是胰脏癌。

在山形县当地，他还正负责学校的设计。对于板垣而言，在他独立后除了大正屋的工作，这是一个成为其代表作的大型项目。

在现场进行监督，这是他长期以来形成的独特风格，他想按照自己的风格来完成工程。一旦动手术，那就成了住院生活的状态，弄得不好，或许再也回不到工程现场了。

板垣一直拒绝住院。然而……

就在英子总经理签订了收购附近旅馆的买卖合同的那年那月，也就是2004年2月2日，板垣先生再也回不来了，享年五十九岁。

这是在其老师吉村顺三去世后仅仅不到七年发生的事情。

庭院的魅力

迎来了第三天的清晨。早餐前我来到大浴场。在两个大浴场中我选择了建成年代久一点的“泷之温泉”。

到达旅馆那天的晚饭后，我第一次踏入这浴场，学生时代的记忆瞬间被唤醒了，茫然地站立了数秒。所幸的是里面空无一人，若是有客人在先，肯定会感到很奇怪吧。他肯定会心想，这个刚进浴场的男人，光着身子呆立在那里想什么呢。

我以前曾经见过这个大浴场的图纸。那倒不是为了采访。我在大学念建筑专业二年级的时候，在设计制图课上要做一个题为“城市酒店”的课题，正当一筹莫展之时，翻开了一本学生用的设计图集书，里面作为范本的例子，用的就是这大浴场的平面图和剖面图。没想到在细长而薄薄的地皮下面，竟然能设计出如此宽敞的大浴场，我呆呆地看着图纸，想象着现实中的浴场。由于这些事情早已被我忘记得一干二净，就连书上刊登的旅馆名字也完全不记得了，甚至在查看旅馆网页时也没有意识到，突然真实的大浴场一下子就出现在眼前，我不由得直立在那儿了。

在整面大玻璃墙的对面，是被绿色植物覆盖了的人工瀑布。这是吉村亲临现场悉心指导石头摆放的位置而打造出来的。瀑布泻落在了与我所在温泉的池水相同高度的池子里，腾起的水雾给人以一种错觉，就好像瀑布之水也是温泉。

我洗好身子后浸泡在温泉里，两肘撑在窗沿眺望着窗外，感到奇怪的是没有听到四溅的水声。当然，这是因为有一层厚厚的玻璃挡着呢，令人感到瀑布好像就在大浴场里面。让人不知不觉地忘记了还有将内外相隔的玻璃存在，这并非仅仅是由于玻璃的面积很大的缘故，而是因为从上面的墙壁吹出的热风，一直控制着水雾，玻璃仿佛不存在了一样，毫无遮拦地衬托出庭院中极具魅力的画面。

这就是庭院的魅力。

在京都市内的俵屋、在天桥立的文珠庄新馆所看到的情景，在我的脑海里重叠在了一起。这些，都是这三天来，我从负责接待的女服务员的言行举止中所感受到的。

回想起刚到那天被带到客房时的情景。

或许……

我用温泉擦洗了一把脸上的汗以后思考着。若是女服务员没有让客人耳目一新的心思，窗外的植物就不可能如此鲜明地映入我的眼帘了吧。比如，在套间，他们预先巧妙地遮住玻璃窗框；在主卧，考虑到客人刚进房间时那种无法掩饰的紧张心情，等客人坐下，神闲气定以后，正合时宜地打开拉窗。正因如此，眼前这景色才会在我的心里留下更深刻的印象。

记得吉村顺三在某本杂志上说过，桂离宫之所以美，是因为房间里没有玻璃。

建筑师们为了减弱或消除现代建筑的窗户中玻璃的存在感，在门窗和墙壁甚至空调设备方面寻找独特的方法。而这家旅馆的员工，正在努力使到访客人也能感受到建筑师所创造的魅力。

其他还有许多为客人着想的地方。我突然发现，房间里的浴室已准备好了水温适宜的温泉。早晚用餐时，高档的涂漆餐桌铺上了雪白的桌布。在食材味道最佳而低热量的京都风味宴席上，你可以不用担心盐分和体重增加，只管尽情享用美味佳肴。

诗一般的旅馆

回到房间，看到友子正在准备早餐。在席前坐下，她马上给我端上早餐。

我小声说道："我用餐啦。"先喝了一口酱汤，热腾腾的木碗里蛤仔的鲜味十分可口。我用筷子把蛤仔肉从壳子里挑出来，再一个一个地放进酱汤里，对她莞尔一笑。两天前的晚上，晚餐时端上来的蚬贝酱汤，我也重复着同样的动作，她在一旁微笑，我便问她为什么笑，她说没看到过有这样的吃法。据说很多人都是只喝汤，将壳和肉都留在碗里。"这么吃不对吗？"我不好意思地笑着问道。她回答我说："不不，我想，您把肉也吃了，做菜的人一定会很高兴的。"

就是两天前的事情，感觉好像是很久以前发生的。我想这样的话，还是吃了吧，于是把蛤仔肉放进嘴里。

“第一天，你带我进房间时，你是等我进了房间才把拉窗打开的吧。”

“是的。”

“那有什么讲究吗？”我装着不懂问道。

“客人一进屋就看到庭院的话，这样做虽然有这样做的好处，但是我们想让客人进屋后先了解房间的情况，然后再将拉窗打开，看到宽敞的庭院，可能就会啊的一声感动起来。”

她的回答和我预期的一样，我露出满意的笑容点头表示赞同，然后又问。

“这也是从负责指导的人那里学来的吗？”

“那当然。据说这原来是其他某个人的想法。”

“是英子总经理吗？”

我问了以后才想到，若是英子总经理的话，女服务员也不会说是“其他某个人”了。

“据说这些最早都是设计这些建筑的先生建议这样做比较好。”

“是吉村顺三先生？”

吉村说过，不仅是家具，日常用品和纺织品都属于建筑师的职责范围。难道他的工作甚至还包括服务和员工教育吗？

“不，不是吉村先生，我听说是他弟子。”

若是吉村顺三的弟子，并独自经营过设计的，那就是板垣弥也了吧。

我的脑壳海里又浮现出吉村留下的话。

——建筑就是一首诗。

宝贵而著名的旅馆建筑有很多。但是，有心思去理解留在建筑上的奇妙诗句的建筑居住者，究竟能有几个呢?

是这位弟子在理解了老师写下并经过多次推敲修改的诗句的精神后，想要将诗作的原意传递给居住者。通过“行为”这一载体来传达建筑师的精神与设计意图。

在师徒都去世以后，这种精神被员工们传承了下来，每一天都传递给到访的客人。

她又沏了一杯茶，一边递到我手中，一边说。

“好不容易对您的爱好有一点理解的时候，就要告别了，真的感到挺寂寞啊。”

为了她的这句话，我和她约定，我还会再来。

文珠庄新馆

左页　沿着水路的低层建筑群与周围景色十分和谐。缓缓倾斜的屋顶，铺上了防止雨水倒流的瓦

右页上　平方结构的客房“雪舟”。窗外不时有船只经过

右页下　房间内侧依次是，拉窗、防雨窗、玻璃窗、纱窗。为了防止客人不受初冬大风大雨的侵扰，设计成了可以将防雨窗先于玻璃窗关上的次序

文珠庄新馆

左页　上宴会厅的楼梯。用了乱砍工艺的扶手
右页上　宴会厅舞台透过整面大玻璃，背景疑似天桥立的松树林。天花板用三合板加一层松木薄板这种比较廉价的材料，营造出了华丽优雅的空间
右页左下　玄关的吊灯
右页右下　客房卧室的照明

大正屋

左页上　客房“水晶”。窗户四周不设窗框，减少了玻璃的存在感

左页下　屋内浴室设计将外面植物景色融入了室内

右页　客房窗边的葱郁和溪流

大正屋

左页上　带有茶室的独栋建筑“众芳亭”主室。厢房设计使人想起了修学院离宫客殿的渔网状栏杆。拉门不是全部收起，而是留一点，这正是大正屋风格
左页下　椅子设计得比较低矮，使得从主室望出去一览无余
右页　客房“山乐”。吉村式拉门所营造出的青山绿水的景色宛如一幅壁画

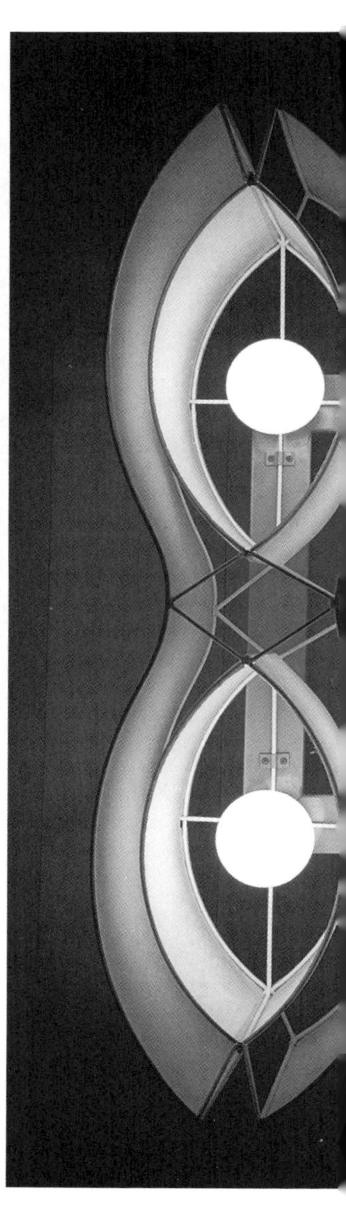

大正屋

左页　从玻璃墙壁泻下的阳光中漾映着葱郁。通顶的大浴场“四季之温泉”中　用作宴会厅及早餐厅的大厅“千种”的天花板照明
右页上　早餐和晚餐时为餐桌铺上白色的餐桌布
右页下　送上菜单和餐巾时的举止

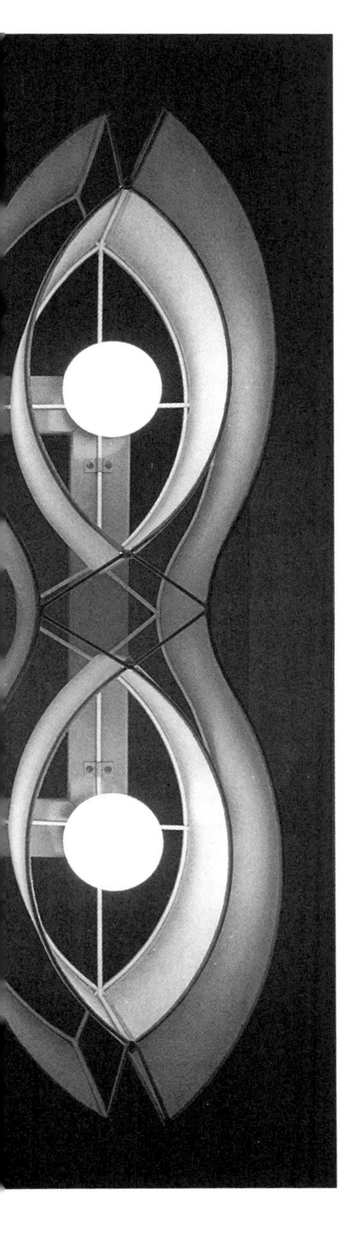

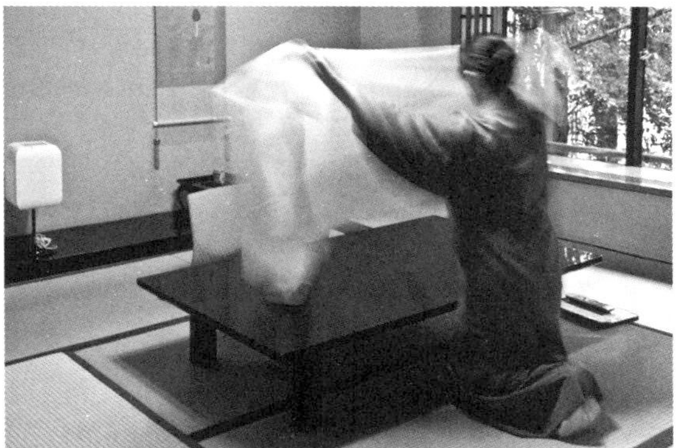

大正屋

大正屋

洒满了葱郁璀璨光芒的大浴场"泷之温泉"，感觉此非人间。看不到一丝雾气，令人忘记了玻璃的存在。潺潺流水宛如近在咫尺，触手可得

藤田福井酒店

透过硕大的窗户可看到对面的瀑布无声无息地流淌。在京都鸭川沿岸的酒店地下，也能看到继承了大正屋大浴场“泷之温泉”的设计手法。从室内眺望，可以感受到窗外的景色融入了室内设计，成为一体。在这间酒吧里，也可以窥见吉村特有的构思

WILD TURKEY
GUINNESS

小涌园酒店

上　第二次世界大战以后在日本风景区建造的拥有日本式酒店的大型休闲设施。建筑物随着地形蜿蜒曲折。暖气、热水、温水泳池使用的都是天然蒸汽。冷气是将山间凉气引入房内而形成的

下左　窗台栏杆

下右　有着节奏感的楼梯

仙石芙蓉庄

上 1974年竣工的新日本制铁公司箱根疗养设施。重建后现为“仙石原箱根花园”

下 外观看上去如轻飘在空中一般的基柱建筑，是吉村顺三喜欢的造型，与文珠庄的宴会厅相似

国际文化会馆

左页　与前川国男、坂仓准三共同设计。保留在岩崎小弥太（三菱财团创始人岩崎弥太郎的外甥）公馆宅地的庭院是第七代小川治兵卫（植治）的作品，他们曾为山县有朋别墅“无邻庵”（见第245页）建造庭院

右页上　纤细而坚固的楼梯

右页下　东西合璧风格的客房

第三辑 村野藤吾设计的旅馆

酒店建筑师的素养

对建筑师的褒奖

1982 年 4 月 25 日，新高轮格兰王子酒店竣工，据说这是建筑师村野藤吾酒店设计集大成之作。委托设计和施工的是与村野同校早稻田大学毕业的堤义明，他是当时酒店的业主。

众多媒体报道了开业典礼的盛况，其中建筑专业杂志《新建筑》正准备对设计师村野藤吾进行采访，题目为《向酒店文化基点的挑战》(ホテル文化の原点への挑戦)。负责采访的也是早稻田大学毕业的建筑师竹山实，他当时是武藏野美术大学教授，其作品有晴海客船大厦等。这时的村野藤吾已经九十一岁，竹山实四十八岁。

采访开始，由竹山先发话。

“我听说是堤总经理全权委托您负责设计的。”

村野的回答，至今读来仍可以让我们想象出著名建筑大师讲话时满面笑容的表情。

“自设计箱根树木园休息所（箱根樹木園休息所）以来，通过箱根王子酒店（箱根プリンスホテル）等建筑作品，我完全得到了堤总经理的信任。这次，堤总经理是希望通过这座酒店来实现他自己的一个宏大理想啊。因此，虽然一切全都委托我负责，但也是先给了我很多具体的构思，然后才对我说‘您想怎么做就怎么做吧’。家具日常用品当然不用说，服务员的制服以及菜单的设计等都是来找我商量的。

“我想起在树木园竣工时，堤总经理对我说‘我第一次明白了建筑是一门艺术，而且也是第一次认识到委托什么人很重要’。他的这番话，我至今难以忘怀，这是对我们建筑师的最大褒奖啊。”

这番话告诉我们，委托人堤义明是见到完成的建筑后，方明白建筑是一门艺术，而委托人自己也学到了只有全权委托建筑师，才可能诞生这样的建筑。而村野听了以后说，这是对建筑师的最大褒奖。也就是说，对于建筑师而言，没有比听到这样的话更让人感到幸福的事情了。

所谓建筑师的最大幸福，是否就是从委托设计的人那里听到如此赞美之辞呢？

尽管村野本人是这么说的，但是我不由得心存疑问。如前面所强调的，无论如何也会让人们觉得那是因为对建筑师说这番话的是堤义明。若是一位不知名的人士说出同样一番话，比如是一位普通住宅的委托者，建筑师还会如此感激，说是对其最大褒奖吗？

建筑师吉村顺三在谈到“建筑师最为开心的时刻”时，以住宅设计为例如是说：

“作为一个建筑师，最为开心的时刻，就是能够看到建筑物完成后，有人入住并过着幸福的生活。

“日暮时分，从一家房门前经过，看到屋子里灯火通明，一家人的生活其乐融融，这对建筑师来说就是最为开心的时刻，不是吗？”

这是建筑师的最大幸福。

村野与吉村两人话语的共同之处就是，这都是在建筑物竣工时的采访中说的。从开始设计，到经过了数月或数年之后，看到眼前的成果，建筑师都会感到非常兴奋的。

作为建筑师，感到过的最大幸福，是否就是在这种时刻，在这样的采访中产生的呢？

设计经历前无古人

若问刚步入建筑师行业的人，最想尝试设计建造的是怎样的建筑，差不多绝大多数人都会回答说是酒店和美术馆吧。

因为美术馆设计的自由度比较高，所以比较容易展现建筑师自己的个性。而酒店则是一个很大的课题，那就是要实现大多数人所希求的舒适空间。

这空间要使得入住的客人无论白天黑夜都能真切地感受到居住的舒适，有可能的话，希望一直居住在这里。

这个课题也适用于住宅，不过酒店的建筑设计委托人和使用者不是同一人，其目标是能广泛受到众多居住者的喜爱。一句话，酒店就是要具体实现每个时代众多人内心追求的理想住所的愿望。在建筑师的眼中，那是充满憧憬的建筑物吧，既能反映时代的需求，又能够表现自己所描绘的理想空间。

酒店是建筑师希望在自己的人生中至少能有一次进行尝试的充满憧憬的建筑。

而村野藤吾则实现了不止一次，通过酒店建造以及对被称为海上酒店的客轮内部进行装修等，已经实现了四十几次之多，他的人生散发出有别于其他建筑大师的斑斓光芒。

他的设计经历整理如下。

名称	竣工年份
大阪酒店公寓	1932 年
都酒店五号馆	1936 年
睿山酒店	1937 年
大阪商船浮岛号（内装修）	1937 年
大阪商船高砂号（内装修）	1937 年
都酒店大宴会厅	1939 年
大阪商船 BRAZIL 号	1939 年
大阪商船 ARGENTINA 号	1939 年
大阪商船橿原号	1940 年
大阪商船报国号	1940 年

大阪商船爱国号	1940 年
大阪商船护国号	1940 年
大阪商船金刚号	1940 年
志摩观光酒店东馆	1951 年
酒店 MARUE	1951 年
都酒店空中客房	1958 年
都酒店和风别馆佳水园	1959 年
都酒店新本馆	1960 年
志摩观光酒店西馆	1960 年
名古屋都酒店	1963 年
都酒店花园泳池	1963 年
都酒店新宴会厅、宴会厅玄关	1968 年
都酒店南馆（花园一侧）	1969 年
志摩观光酒店增建	1969 年
名古屋都酒店增建	1970 年
奈良酒店新馆	1970 年
都酒店特别贵宾室及其他客房	1970 年
帝国酒店茶室东光庵	1970 年
信贵山朝护孙子寺成福院信徒会馆	1970 年
高轮格兰王子酒店贵宾馆改装	1972 年
新都酒店	1975 年
晴山酒店计划草案	1976 年
箱根王子酒店	1978 年

都酒店东京（内装修）	1979 年
新高轮格兰王子酒店	1982 年
志摩观光酒店宴会厅	1983 年
宇部全日空酒店	1983 年
新高轮格兰王子酒店惠庵	1985 年
大阪都酒店	1985 年
京都宝池王子酒店	1986 年
都酒店新八号馆、南馆客房改造	1987 年
都酒店新馆	1988 年
三养庄新馆	1988 年
横滨王子酒店	1990 年

介绍村野藤吾这位建筑师，一般来说还是列举其受奖经历更为方便。

他三次获得建筑学会作品奖，十一次获得日本建设业联合会为表彰国内优秀建筑作品而授予的 BCS［建筑业协会（Building Contractors Society）的简称］奖。此外，还获得过日本建筑学会建筑大奖、日本艺术院奖、每日艺术奖、蓝绶褒奖章、文化勋章等。他还是美国建筑家协会名誉会员，获得早稻田大学名誉博士称号，还有三个作品被列为国家重要文化遗产。

不过，在这里，我们仅着眼于旅馆、酒店建筑，从另一个视角来介绍村野藤吾。

村野于 1984 年 11 月 26 日，以九十三岁的高龄逝世。直到去世前一天的晚上，他还一如往常地工作着，这事迹在建筑业界已广为人知。不过，在他去世后的六年期间，仍不断有他的作品相继问世。

村野生前负责设计，而在死后才完成的工程有九个。在清单里，包括新高轮格兰王子酒店的惠庵在内，排在后面的七个也都是在他去世后完成的。也就是说，在他去世后完成的九个工程中，有七个是与酒店相关的工程。

在这位建筑师的生涯里，他负责过四十多次酒店的新建、增建和改建，死后还继续描绘着自己的理想空间。

这就是村野藤吾。

东有丹下健三，西有村野藤吾

村野藤吾、吉村顺三以及平田雅哉的共通之处，就是留下了许多家著名的酒店和旅馆建筑。但是，村野与其他两位不同的是，吉村和平田主要是在住宅建筑方面留下了许多代表作，而村野的住宅建筑很难列举出哪一个是他的代表作。

这并不是因为他没有住宅设计的作品。除了自己的住宅之外，他也设计了很多位关西实业家的公馆。其中有担任过大阪住友海上火灾保险及大丸的监事、后任关西经济联合会会长的中桥武一公馆，丸物百货公司创始人中林仁一郎公馆，中山制钢所的中山悦治公馆，中山半公馆，近铁集团老总佐伯勇公馆等。但是，从印象上来说，这些建筑都被酒店、政府大楼、剧场等放射出强烈光芒的建筑群所掩盖了。

村野自己也在报纸专栏中这样写道："说实话，我并不善于设计住宅。"

这话就算是大师所特有的谦虚吧，但还是与吉村顺三下面所说的形成对照。

吉村说："因为我喜欢住宅，所以认为住宅才是根本。我觉得如果不能建造住宅，也就建不成高大建筑。"

我印象里丹下健三在这一点上也与村野藤吾相似。他的代表作有酒店、出租大楼等商业建筑，还有政府大厦、文化会馆等公共建筑，但若要问住宅建筑方面的代表作，除了他自住的公馆之外就无例可举了。

丹下出生于1913年，尽管年龄比村野小二十二岁，但是正如建筑业界的"东有丹下健三，西有村野藤吾"之说那样，总会将两者联系在一起进行比较及评论。

1953年两人一起，第一次获得了建筑学会作品奖。虽然建筑师们都希望此生能有一次获得此奖，但是建筑业界还很多著名建筑师从未获得过此奖。此后，似乎一直是他们两人争夺着建筑业界的殊荣。第二年，丹下再一次获奖。但是再下一年则由村野获奖，接着又是丹下第三次获奖。村野也不服输，七年以后也第三次获得了这一奖项。

丹下于2005年，以九十一岁高龄去世，虽然在寿命上比村野差两年，但是在他去世后第二年的2006年，新闻报道让人们再一次认识到这两位大师不愧为建筑业界的双璧。村野设计的世界和平纪念圣堂（1973年）与丹下设计的广岛和平纪念资料馆，作为第二次世界大战以后的建筑，双双首次被列入国家重要文化遗产。

六成责任在建筑师

获得如此之多的奖项，给人强烈印象的是，村野藤吾即一位艺术家。但是，我们追溯村野的履历与言行就会发现，他的态度与随心所欲的艺术家完全相反，他自始至终都是以作为委托建筑设计的实业家的伙伴这样一种姿态存在。

1930年，也就是村野辞去待了多年的设计事务所的工作，独立创业的第二年。为了委托方百货公司的新项目，他去了国外对百货公司等进行视察，回来后小心翼翼地进行设计。村野在书中、在讲演中、在采访中一再重复强调了当时的委托方崇光百货公司创始人木水荣太郎（即文中的K氏）对他说的一番话。

"这次的建筑关系到我们的命运，影响到百货公司的兴亡，因此很多地方都要仰仗您的技能。对于我来说，期待着您承担六成的责任。"

百货公司成功与否的关键，有百分之六十依赖于建筑师的设计能耐。委托方希望，在投资事业的资金中，投在建筑上的成本能产生很大的效果，谁都会有这样的想法。但是，从建筑师方面来讲，这是不讲道理的压力，至少也应该是事业主占六成的责任，建筑师最多占四成吧。村野听到了木水的这番话后，是这么说的。

“这对建筑师来说责任重大，我听了这番话以后不由得肃然起敬。这位K氏所讲的话，到现在还在我脑海里挥之不去。”

百货公司创始人的这番话，在经历了近五十年之后，仍然在村野的脑海里挥之不去。这在新高轮格兰王子酒店竣工之后，从对九十一岁高龄的他的采访中仍清晰可见。

“酒店是企业经营，事业主投下了几百亿日元的资本，因此当然有经营方面的条件和要求，就算对方说不用考虑这些，我们也必须要使其在数年时间内收回投资成本，产生利润。即便是任由我随心所欲地进行设计，我对自己还是有种种制约的。”

对于酒店等商业性建筑的评价，建筑业界在对其设计进行评价之前，首先要看它作为建筑的商业经营是否成功，由此来决定对它的评价。即便在建筑业界获得了奖项，而在这座建筑物中所开展的商业经营不能步入正轨，数年之后就倒闭了，那么就等同于被打上了倒霉建筑的烙印。当然，设计了商业不成功的建筑的建筑师，下面就没人来请他设计了。

村野设计的酒店建筑，多次获得了BCS奖。比如箱根王子酒店、新高轮格兰王子酒店、宇部全日空酒店、三养庄新馆还有横滨王子酒店。

作为一个引导酒店经营走向成功的建筑师，会不断有许多酒店经营者来委托其帮忙设计酒店建筑。他设计的酒店在建筑业界也多次获得过奖项。村野藤吾就是这样一位在酒店行业和建筑行业都得到了很高评价的建筑师。

师傅传授

设计畅销图纸

村野藤吾为何能得到酒店经营者们的青睐呢?

这是因为，他除了具有作为酒店建筑师的设计能力之外，还有两个与众不同的才能。其一，作为建筑师，他具有洞察时代发展的眼光，同时具有通过“巡游体验”所养成的立足于顾客的视野。其二，他具有独特的交友能力和经营能力。

村野与酒店的接触，是从早稻田大学毕业进入设计事务所工作的第四个年头开始的。

1921 年，村野三十岁，为了协助他负责设计的日本兴业银行总行圆形大金库的收购案，以及研讨大阪商船大厦外装修用的陶砖，他奉事务所所长之命前往美国视察。村野视察回来的第二年，在杂志上发表了题为《美国出租保险箱见闻记》(美国に於ける貸金庫見聞記）的文章。但是，这次出国视察只是个名义，其实隐藏在背后的真正目的是，为了村野自己能积累一些作为商业建筑师所必备的知识，其上司事务所所长渡边节特意安排的，也就是一次游学。日程中排满了吃喝玩乐的活动，而且让他带足了所需要的费用。

渡边节生于1884年，与村野也就相差七岁。虽然渡边事务所开设还不到五年，但是渡边独立创业前在铁道院工作时，三十一岁就负责设计了第二代京都车站，其成绩得到了广泛认可，已经是一位著名建筑师了。村野入所以后，事务所设计建造了一个又一个的大型商务大厦，有日本兴业银行总行、神户分行、日本劝业银行大阪分行与京都分行等。这位青年才俊建筑大师曾写道，他进入事务所的时候，也对渡边佩服得五体投地。

“渡边先生是铁道出身，所以他完全是根据现实，凭借合理的精打细算闯出了一片天地。要说道理，也说不出什么道理来。”

原本体重有60公斤的村野，在工作的锤炼中，据说体重降到了48.75公斤。

渡边融合过去的建筑风格，确立起了自己独特的并为当地民间企业家们所接受的设计风格，是一位善于不断听取企业家们所追求的合理性与经济性要求的建筑师。众所周知，他对村野及其事务所职员的要求是“要设计出畅销的图纸”。对此，村野一直是严格遵守着。

“我认为他说的意思虽然是要设计出大家都接受的图纸，委托人能接受的图纸，但这句话非常在理，意味深长。根据不同的解释，有可能听上去感觉很俗，但是我觉得应该理解为这是最为现实、最为严谨的话。”

村野是这样评价渡边的：“从大处而言，他是当今新建筑的实际建造方法、思维方式以及解决资金问题、经营问题的开拓者。”开拓者十分清楚，缩短工期就是为实业家大大减少初期投资做出了贡献，这也决定了对一位建筑师的评价。

比如在今天，作为墙壁内和天花板内的材料，一般都使用灰泥板，据说这就是在大正时期渡边节首次从美国引进的。第一个使用“灰泥”一词的也是渡边节。然后，他在日本进行生产，这样成功地使得以前需要用生石灰浸泡好几个月才能制成的底板，缩短到四十天左右就能完成了。

通过一流酒店培养眼光

渡边自己也在命令村野赴美的前一年，即1920年9月到1921年2月，用了大约五个月的时间对美国及欧洲进行了视察。鉴于这宝贵的体验，他非常希望自己的部下村野也能有同样的体验吧。

村野曾发表过行程的一部分，说是渡边指示他从加拿大进入美国的。

“你首先乘坐外国船渡过太平洋。一到温哥华，就入住温哥华酒店。第一件事情就是理发，一边理发一边请人擦皮鞋、按摩，结束后再请人修指甲。当然，你还没能力一边修指甲一边与女士聊天，所以等到了纽约，语言上稍稍习惯了，一定要试一下哦。接着在从加拿大去芝加哥的途中，在叫作班夫（Banff）的地方下车，入住一流的温泉酒店。在芝加哥住宿的是黑石酒店（Blackstone Hotel），夜里去莫里森酒店（Morrison Hotel）地下层，一边看花样滑冰一边用餐。”

第一次海外旅行就乘坐外国客轮。

我看第一行字就感到非常羡慕了。

那不是现在想象的所谓豪华客轮。在当时，就是一次普通旅行，坐船，历经数日前往外国的目的地，这真是令人羡慕啊。

对于第一次去海外旅行的人来讲，通过在船上度过的那些日子，可以渐渐地习惯在海外的生活。像现在这样，坐上飞机，数小时后一下子就到了当地，为了倒时差尽快习惯，就都待在当地了。日子都在忙乱中度过，好不容易渐渐开始习惯了，想好好地观察一下周围，却已经到了要回国的时刻。

当时的村野，无论是饮食还是在食堂用餐的规矩，甚至是外语交流，没有任何经验。

坐上俄国客船的一等舱向加拿大出发，据说船上只有三名日本乘客，其余都是西方人。九天的航程中，白天在甲板打高尔夫，晚上跳舞和赌博，对村野来说，这些虽然并不是那么快乐的事情，但等客船靠码头的时候，他已经习惯了西洋式的生活了。

当时的村野在事务所不过是一名职员而已，因此让他坐二等舱或三等舱也是理所当然的。可是，上司却指示让他乘坐一等舱，这种关怀给村野带来了无可替代的体验。渡边也一样，自己的视察经过了五个月的漫长旅程，或许他也切身感受到，在船上度过的最初数日或数周，对于习惯生活是多么的重要。而乘坐一等舱与乘坐二、三等舱相比，他在这数日当中的体验会有很大的不同。

当村野独立创业之后，渡边的指示在经历了数年后，给他带来了设计大型客船内部装修这一大工程。当村野与客船公司的经营者们对峙时，作为一等舱客人在外国客船上的体验，成了他最强的王牌吧。

村野到达了温哥华，根据渡边的指示，理发，擦鞋，按摩，修指甲。

在芝加哥的地下层观看花样滑冰，华美绚丽的舞台与昏暗的观众席形成鲜明的对比，观众在烛光的闪烁下吵吵嚷嚷，衣服的摩擦声、男童的笑脸与端盘子的手法，他为“只有在这里才能看到的情景”而感动。

“黑石酒店绚烂的餐厅与莫里森昏暗餐厅的美景形成对照，我身在其中，针刺般地刺激着我全身的神经，一点也感觉不到孤独和旅愁。”

村野到了纽约以后也一样，兜兜转转在各家酒店住宿，进行比较。其中有宾夕法尼亚酒店（Hotel Pennsylvania）、沃尔多夫阿斯托里亚酒店（Waldorf Astoria New York）等。

“我去了克莱尔蒙特酒店（Claremont Lodge）用餐，这是原先不在计划内的。我记得是先生用这样的语气提醒过我。他说，那里的生蚝料理很出名，所以一定要去尝尝，不过得当心那盛着厚厚冰块的大盘子哦。但是，提醒盛在盘子里的冰块究竟意味着什么呢？我想先生很可能是要我通过某些事情去获得某种感受吧。没办法，我只有像窗户那般将心扉彻底地打开。”

村野把工作之余的时间都用在了吃喝玩乐上了。周围的人似乎都很羡慕他这种吃喝玩乐的“出差”，可是村野自己却并不认同。

他写道，“这种等同重体力活的体验”是一种“训练”，而这种体验，在他日后作为建筑师的职业生涯中，成了宝贵的经验积累。

“体验，不久便成为血肉之躯的一部分，慢慢地渗透到了心灵深处。这与小孩子学英语那样通过眼、耳所获得的知识完全不同。这种训练对我日后的人生起到了极大的作用，直到今天，我还深深感谢先生的良苦用心。”

站在酒店设计委托方的立场进行思考时，如果这位建筑师从来没有住过一流的酒店，从来没有住过当今最受欢迎的酒店，那么估计对方是不会委托他设计那承载着自己成功梦想的酒店吧。

不光是去参观温哥华、班夫、芝加哥以及纽约等主要城市的著名酒店，还有作为一名游客通过住宿去体验，这种体验使得委托者对村野产生了一种无可替代的信赖。

在游玩视察旅行回国的八年后，即 1929 年，村野独立创业，开设了自己的事务所。第二年，为了设计崇光百货公司，他又一次来到欧洲进行以视察为目的的旅游。他之所以能够在独立后的第三年完成第一个酒店建筑作品，此后，酒店建筑设计项目又一个接着一个，这完全是因为有过这种到欧美视察旅行的经历吧。

委托人名单赫然纸上

当然，建筑师并不是光凭借拥有游客的视野，就会有人上门来委托你设计的。村野还有另外一个才能，那就是交际能力。他与酒店方掌握业务的关键人士交往甚密，以加深相互之间的信任。

村野为了能从企业获得建筑项目，要有交际能力，这是理所当然的。但是来委托村野设计的人，却不是一个企业的科长或部长级别的人，而都是比较重量级的人物。我们来看一下委托村野设计酒店建筑的人士名单，你就会发现，其人脉关系已经超越了酒店业界，深深涉及财政界。

在这个问题上，我一直存在误会。

平田雅哉和吉村顺三的代表作都是旅馆，两人也都是在受到各家旅馆老板的仰慕、尊敬和委托下，接受工程设计的。村野的设计对象则不是个人经营的旅馆，而是企业经营的酒店，因此我一直以为他接受工程时，面对的是组织，委托人是企业并非个人。

然而，委托其设计建筑的虽说是企业，但村野与各家酒店的关系，好像和平田与旅馆的关系，以及吉村与旅馆的关系很相似。

有一些在酒店业界内外均具有影响力的实力人物，他们对村野藤吾有着绝对的信任，其中有些建筑师也愿意与村野藤吾合作。这些人不只是财界和业界的重要人物，有的还在建筑、电影、书画和戏剧等艺术方面有着深厚的造诣。

这些人当中，有开头提到的新高轮格兰王子酒店、西武铁道的创始人堤义明，他与建筑师齐心协力建造起一座崭新的酒店，让人还以为他只是旅馆老板。有早先在 1924 年自己设计了新本馆，后来将都酒店的设计委托给村野的建筑师兼实业家片冈安，以及董事兼总经理的西彦太郎。有志摩观光酒店的母公司、近畿日本铁道公司的总经理，也是都酒店董事长的佐伯勇，还有志摩观光酒店第一任总经理川口四郎吉。

片冈安在建筑业界大家都知道，他是建筑大师辰野金吾设在大阪的设计事务所、辰野片冈建筑事务所的伙伴。辰野金吾曾设计了东京车站、日本银行总行、奈良酒店等著名建筑。但是，另一方面，片冈安又是日本建筑协会会长、大阪信用组织协会会长、大阪工商会议所会长、大阪工业会理事长、金泽市名誉市长等，作为财界人士身兼多个头衔，是位奇才。

另外，片冈是都酒店第一代总经理片冈直温的上门女婿。直温是奈良酒店的委托人、关西铁道的总经理，当时他曾作为都酒店的第一大股东，在日本生命保险公司担任第二代总经理长达十七年（1903—1919），自 1889 年就任都酒店第一任社长以来，为了使酒店发展成为国际性酒店，他不断推行改革。

片冈安本身从 1938 年就任都酒店董事长（总经理职位空缺），到 1946 年 5 月七十岁逝世期间，委托村野设计建造了五号馆以及大宴会厅。

村野不仅得到了会长的信任，同时也深深得到现场施工人员的信赖。从渡边节手下独立后不久，就被选为建造在京都大学校园内的德国文化研究所的建筑设计者。当被问到其中原委时，村野回答说：

“我想是因为我与西彦太郎（都酒店经营者）关系密切的缘故，

所以他说就给你干吧。”

德国文化研究所竣工，还是在村野首次为都酒店设计的五号馆完成前两年的事情。

西彦太郎在1926年就任都酒店董事，但同时也是德国文化研究所的理事。德国文化研究所1934年开始运作，其发起人是总理大臣清浦奎吾。在建造都酒店的和风别馆佳水园之前，清浦奎吾曾在那块地皮上建造了自己的别馆。1931年6月，由电影导演和演员组织起来的，约有五百名会员的日本电影人协会在都酒店举行创会典礼，当时，清浦奎吾是名誉会长，会长是藤村义朗，理事为西彦太郎。

藤村是贵族院议员，在清浦内阁担任邮政大臣，也是日本活动写真株式会社的股东，片冈安去世以后，就任都酒店总经理。西彦在任董事经理的同时，一直支持着与建筑、电影等艺术领域有着密切关系的都酒店经营者片冈和藤村。西彦于1930年，作为都酒店唯一的一位常务董事，统领着日常业务，一直主持酒店总务和规划等，直到1941年辞任。

1951年，近畿日本铁道公司第一次由内部选拔，佐伯勇就任第七代总经理。他随即推行近铁集团的扩大，创建近铁百货公司、近畿日本旅行社等，被称为“近铁振兴之祖”。此后，他历任董事长（1973年）、顾问名誉董事长（1987年），以君临姿态长期统领着集团。他还是职业棒球近铁水牛队的老板，对于给歌舞伎舞蹈伴奏的清元三味线以及净琉璃文乐木偶戏也颇有研究，也是戏曲协会成立时的理事长。他既是日本航空、关西电力、朝日电台各公司的董事，又是日野汽车制造公司的监事、大阪工商会议所会长、日本经济团体联合会副会长。

随着伊势志摩国家公园的建立，为了应对外国观光客，就在佐伯担任总经理那年，由近畿日本铁道公司、三重交通公司、三重县政府三方合作建造的志摩观光酒店竣工。同年，近铁向都酒店投入资金，积极参与酒店业务。

佐伯于1957年就任都酒店董事长，于1963年打造出近铁都酒店连锁，为都酒店的大力发展做出了重要贡献，他担任董事长直到1989年逝世。在佐伯身居近铁集团和都酒店要职期间，委托村野设计的都酒店以及志摩观光酒店相关的新建、增建和改建工程项目达十八个之多。佐伯委托村野设计的建筑项目除了酒店之外，还有近铁会馆、近映会馆等电影院、近铁百货公司阿倍野总店增建、近铁新本社屋、近铁上本町总站、贤岛车站以及会长自己的住所佐伯公馆。完全可以说，他是村野的坚强后盾。

志摩观光酒店的第一代总经理川口四郎吉原本是大铁百货商店（近铁百货公司的前身）的营业部长。他是一位作家，著有《欧洲酒店视察记》（ヨーロッパ・ホテル視察記）、《工薪阶层哲学》（サラリーマン哲学）、《东西酒癖》（東西酒癖）等散文集，同时他在书画方面也有很深的造诣。1914年“二科会”[1]成立时，他是会员之一，著有《现代艺术鉴赏——抽象画》（モダンアートの見方—抽象絵画について）、《抽象画鉴赏》（抽象絵画の見方）等著作。

1　二科会，日本美术团体之一，举办的展览叫二科展。

因有生以来第一次设计休闲酒店而倍感兴奋的村野，在视察了建造志摩观光酒店的预定地后，对现场的印象似乎感到非常“失望”。

“景观确实不错，可在这山脊一样的地方，尽管有些矮松和灌木，但土地贫瘠，杂草不生。”

此后，委托方的总负责人川口总经理也随村野到当地视察。村野在书中写道，在战后，川口的建筑“从规模来讲，是最新的”，但作为一项事业是否能获得成功，川口感到十分迷茫。

“陪同川口总经理到当地视察，回来途中在宇治山田的旅馆内与总经理深夜长谈，我还记得自己是怎么回答他的。那夜，真冷。我到现在仍清晰地记得那天夜里发生的事情。我看不到总经理脸上有丝毫信心。然而，现今志摩观光酒店却发展成了如此盛况。”

由此可见建筑师村野藤吾的态度，他确实是一位实业家可以请教的共事者，是一位心灵上的伙伴。

片冈安生于1876年，比村野年长十五岁。在片冈之后就任都酒店总经理的藤村义朗生于1870年，比村野年长二十一岁。董事兼经理西彦太郎生于1886年，年长村野五岁。董事长佐伯勇生于1903年，比村野小十二岁。志摩观光酒店第一任总经理川口四郎吉生于1904年，比村野小十三岁。堤义明生于1934年，比村野小四十三岁。

村野藤吾之所以得到了这么多年龄层经营者的信赖，大家都将工程委托给他，那是因为他与经营者们目标一致，都想要给所建造的建筑物带来繁荣景象。

“我设计了很多商业建筑，但作为一个负责任的建筑师，我真的经常会去建筑周围看看那里的生意是否兴隆，有没有客人来。‘建筑里面’当然是经营者的责任，但是‘外面’不能说不是建筑师的责任了。因此，我会经常去看看，那些建筑周围是否热闹兴旺。看到今天来了很多客人我就会感到高兴，我想大家能够懂得我的心情。若是看到入口处的垫子斜了，我就会把它摆正。我就是如此在意。这就是建筑师对于建筑物的感情吧。”

支持着村野交际能力的就是这种对事业的强烈责任感和对建筑物的深厚感情。

另一位恩师

如果说村野接触委托人时的基本态度是渡边节训练出来的，那么可以说另一位被村野尊为日本建筑方面导师的人物培养了他作为商业建筑师的素养，使他打下了向酒店建筑发展的坚实基础。

提及村野设计的和式建筑，人们经常会用“村野茶室风格”来描述，而村野自己则说：“那都是胡说八道，我哪里会设计这种建筑啊。”

他不是说自己没有能力，意思是说“因为是有了委托人才有设计，自己不可能随心所欲”。这或许是村野顾及委托自己设计日本式建筑的各位杰出人士吧。

但是，从另一方面来说，这表示了他是与委托人充分商量以后，尽量按照委托人的意愿来设计建造的。村野无论是在著作中还是在对谈中，或是在演讲中也常强调："既然委托了我，就给我留百分之一让我做主吧。"同时，他又说"这百分之一有时候也许会影响到整体"。这充分反映了他的自信。

那么，给予其自信底气的那些有关日本式建筑的知识和技能，村野是如何掌握的呢？

这里有一段意味深长的记述。

"我并没有特别学习过日本式建筑，也就是在学校学到的那些知识。我全都是看别人怎么做，学别人的。住在关西很幸运，我能有很多机会看到真正的日本式建筑，看到优秀茶道家及木匠大师们的作品。"

我们可能一下子会想到前面所说的"木匠大师"之一——平田雅哉，不过我这里要介绍的则是另外一位人物。

村野在独自创业前，两人就有交往。在独自创业后，他还把事务所借给村野用，最后还把事务所产权转让给了村野。这位一直给予村野支持的人物就是大阪实业家泉冈宗助。

泉冈生于1876年，比村野年长十五岁。泉冈家族世世代代担任日本最大村庄天王寺村的村主任。泉冈本身就是大资本家，拥有经营三合板的商社以及泉冈土地建筑公司。其所住的豪宅，按照村野的解释说："公馆的豪华建筑完全符合关西富豪的身份，我都很想能够设计一栋那样的建筑物。"

当时大阪的富豪，一般都会根据自己的爱好来建造自己的住宅。泉冈也一样，他在其住宅周围拥有大片土地，还拥有多处出租住宅，这些出租住宅都是泉冈自己设计的，都是同一种风格。他雇用了很多建筑工人建造出租住宅。若有朋友需要，他还会根据自己的喜好帮助朋友设计别墅和茶室，按照实际尺寸来画设计图。

在奈良市内近铁富雄车站附近，有一家保留至今的建筑百乐庄，那就是泉冈设计的著名建筑之一。百乐庄从 1933 年开始施工，1942 竣工，占地面积约二十六万平方米。十栋茶室风格建筑建造在一片松树林中。

我也曾经去过那里住宿并摄影。有平面为八角形的“长寿门”，有墙壁宛如箱根木片拼花工艺那样装修精美的“姬百合栋”，有至今仍保留在每栋建筑中的那些别出心裁的精妙设计，每次看到我都会感动万分。

但是，这些精益求精的构思，恰似在清澈的水底闪耀发光的珍珠，优美而有品位，与花里胡哨、自我炫耀的设计不同。就是这种意境，被继承和发扬到了村野特有的和式建筑设计中。

“如果可以用‘自我风格’这个说法，那么我认为引导我摸索开辟自我风格道路的人，就是泉冈先生。”

村野著书中所谈到的泉冈式日本建筑的精髓归纳起来大致如下。

（1）玄关别做得太大。不要修饰门面。

（2）外面设计要矮小，越往里越宽大。

（3）天花顶高度以 2.27 米为限，再高就成餐厅了。若是在彰显自己的功成名就，那就不正常了。

（4）立柱粗细约九厘米，粗于九厘米的或用圆角刀修整，或弄成长方形。

（5）窗户高度为七十三厘米，以用于茶道的屏风高度为准。

（6）厢房立柱间隔约为 1.82 米，不一定加横梁，应该这就能充分表现出日本风格了。

（7）越是不引人注意的地方，越是要花钱精心加工。

（8）不要刻意表现自己的手艺，要克制。

说到表现建筑师能耐的和式建筑，很多人的想象中都是天花顶高得令访客吃惊，看上去所用材料非常昂贵，满眼都是很花工夫、很讲究的工艺。但是，泉冈的指导完全相反。

村野说："虽然这是关西传统风格的素雅构思，但他比较节制，这与什么都想表现、描述诸多的风格不同。我想这八点大概道出了日本式建筑的精髓吧。"

这就是崇拜恩师的弟子对恩师的赞辞。

村野还说："即使有人模仿泉冈式的手法，但泉冈作品中所表现的那种生活雅趣及高尚的人所具有的品位，无论如何也是难以模仿的。"

这番话既是对恩师的无限赞颂，似乎也预言了他自己的设计也将会被众多后人模仿。

名作早已凋零

那么，我们现在来看一下村野藤吾设计的许多酒店建筑现状如何。

现在仍然可以确认的建筑清单如下。

志摩观光酒店

都酒店（现为京都威斯汀都酒店）

帝国酒店茶室东光庵

信贵山朝护孙子寺成福院信徒会馆

高轮格兰王子酒店贵宾馆（现为高轮格兰王子大酒店）

箱根王子酒店（现为箱根王子大酒店）

新高轮格兰王子酒店（现为新高轮格兰王子大酒店）

宇部全日空酒店（现为宇部 ANA 皇冠假日酒店）

大阪都酒店（现为大阪喜来登都酒店）

京都宝池王子酒店（现为京都格兰王子大酒店）

三养庄新馆

众多的酒店项目，现在仅存的就这十一家了。就连村野藤吾最后设计的建筑，也是村野风格酒店建筑中最新的作品，曾经获得过日本建设业联合会 BCS 奖的横滨王子酒店也被拆除了。仅存的十一家酒店中，因经营公司和运作公司发生变化而改变名称的有七家。这些使我们再次认识到，酒店面对时代的潮流竟是如此敏感，如此脆弱。

其实，这些酒店，或许改称为著名建筑，更能准确地表达我沮丧的心情。即使在建筑业界获得再高的评价，获得声誉很高的奖项，只要不被指定为文化遗产，不被规定受有义务的保护，这座著名建筑若是不符合时代的需求了，那么就会被毫不留情地拆除。

对于自己设计的，并被评为著名建筑的建筑物一座接着一座地被拆除，村野自己又作何感想呢？当 1934 年完成的德国文化研究所被拆除的时候，他是这样说的："虽然我感到遗憾，但因为它的利用率低，被拆除也是不得已的事情。"

但接着他又说："我心里是挺难受的呀。对方把拆下的商标给我送了过来，我把它供奉在了院子里，各位想象一下我当时的心情。遇到这样的事情真是不幸啊。这也是没有办法的事情啊。"

仅就酒店而言，著名建筑的生存率竟是如此之低。在村野家的院子里，他究竟进行过多少次这样的祭奠活动呢？

我找来了那时刊登过酒店竣工情况的建筑杂志，一边确认往时的外观和内装修，一边给各家酒店打电话询问哪里还保留着村野藤吾设计的建筑。我对接电话的负责宣传工作的人说自己想要去采访和摄影，各家酒店的回答差不多都一样。

"有关目前还保留了多少这位建筑师的设计，我们也不清楚呀，实在是抱歉啊。"

其中还有不少人反问我说："村野先生是那么有名的人物吗？"于是，我不得不改变询问的方式了，不是问对方"村野藤吾的设计"，而是问"古老的设计"现在还保留多少。

“对不起啊，差不多都改造过了。”

“说‘差不多’，那究竟是多少啊？”

“您问究竟有多少……就是差不多。”

“客房呢？”

“是的，客房差不多都被改造过了。”

“大堂和宴会厅呢？”

“是的，也差不多。”

“………”

看来只有去实地采访亲眼确认了。

那么，在现存的酒店中，究竟从哪一家开始采访呢？

平田雅哉对热海的大观庄，吉村顺三对建造在佐贺嬉野温泉的大正屋，曾经反复进行过多次新建、增建和改建。这两家旅馆是这两位建筑师用尽一生去进行维护的旅馆。村野藤吾是否也有类似的酒店呢？

查看作品清单，自然就有答案了。

有一家酒店，自 1936 年建造五号馆以来，一直到 1988 年新馆完成，村野进行过十次改建和增建工程的设计。

这家酒店，从村野四十五岁（独立创业后的第七年），直到他九十三岁逝世，甚至在他逝世四年以后，还有新的建筑竣工，贯穿了建筑师的整个人生，以至在他死后两者的关系仍然不断。那就是京都的都酒店。

在大阪也有村野设计的同一系列的都酒店。这样的话，我想在两家都住住，比较一下或许效率更高一些。我翻阅着资料，心里渐渐产生出一种恐惧感。

因为我读到了吉村顺三的这样一段话：

“前些日子见到了村野先生，都酒店佳水园的经营方式改变了，以前是独立经营的，而现在变成很大的连锁经营方式了。这样一来，也就是由负责连锁的科长一个人在运作了。村野先生连连叹息说‘佳水园，这下可惨了’。”

凄惨了。

究其原因，好像是由酒店经营连锁化而引起的。

吉村所说的见到村野的“前些日子”，具体而言究竟是指什么时候，不是很清楚。但是说这番话的时间，是在1978年11月，也就是在1959年和风别馆佳水园建成的十九年之后。

确实，都酒店是在1955年以后开始积极推行连锁化进程的。在大阪、金泽、名古屋等地相继建造了都酒店分店，在全国有七家酒店，形成了近铁都酒店连锁，进而又从1966年开始，都酒店与美国三大连锁酒店之一的威斯汀酒店及度假村在业务上结成合作关系。2002年，其又与收购威斯汀酒店展开世界级酒店业务的美国公司喜达屋酒店及度假村建立了新的业务合作关系，名称也改成了京都威斯汀都酒店和大阪喜来登都酒店。

在内心不安的驱使下，我通过朋友给酒店的宣传部门负责人打电话询问。

“据说大阪这里，都酒店时期的内部装修早已‘灰飞烟灭’了。”

灰飞烟灭！这个回答给我的感觉就好像那里被炸弹炸过一样。

改名为大阪喜来登都酒店的大阪都酒店就像木屑和碎片一样支离破碎了。

我还打听了一下京都的情况。

“大堂和餐厅等，旧时的设计基本都处于毁灭状态。”

“和风别馆佳水园呢？”

“我想那里或许还是原来的样子吧。”

这就是建筑师形容为“凄惨”的和风别馆，但是据酒店相关人士说，还保留着“古老设计”的客房似乎也只有和风别馆的客房了。

为了确认至今尚存的村野藤吾留下的一个个足迹，我决定，首先去京都的都酒店住宿并进行采访。

昭和时代具有代表性的茶室建筑
——京都·佳水园

长期的合作伙伴中村外二

在头戴金边黑檐帽、身披黑色风衣的年轻门童的迎接下，我踏入了本馆大堂。

一月中旬，正好是悠闲的正月气氛结束之时，我来到了京都的都酒店。它现在改名为京都威斯汀都酒店了，由本馆、东馆、南馆以及和风别馆佳水园组成。

当我看到本馆主厅的时候，想起了之前从酒店方面听到的话——毁灭状态。

即便如此，我仍然期待着能看到有着优雅曲线的墙壁或天花板照明的一部分还保留着村野风格的余韵——华美且细腻。可是大堂及位于二楼的餐厅，正如电话中所描述的状态。高大通顶的空间，以金色和红色为主的室内装潢炫耀着奢华，给人的印象完全是外国人想象中的日本式京都。或许是因为西装革履身披大衣频繁出入的外国游客非常醒目，故更加令人有那样的感觉吧。总之，在大堂四围可见之处，我没有发现村野风格的痕迹。

我向总服务台报上自己的姓名。在办理入住手续之前，存放好行李，一位身穿黑色西装的女性带我去了佳水园。这天，有好几间客房空着，所以我与酒店方面商量好了，首先让我参观一下客房，然后选择了一间最适合摄影的房间住下。

进了大厅后面的电梯，看到带领我的女士按了我们要去的楼层，我不由得扬起了双眉。因为她按的是“七楼”。我知道整个酒店的地形高低错落，但是万万没想到佳水园是建在比酒店主要出入口还要高七层的地方。说是用地高低错落，其实就是在山上，酒店是一个利用山坡的斜面以及散在的高地建造起来的建筑群。建筑群前的道路是最低的，本馆的正门在山麓，佳水园建在了位于半山腰的高地上。

我们下了电梯，沿着走廊经过一扇扇客房门来到尽头。穿过金属制的门，再次来到室外，冷风迎面扑来，我不由得闭紧了嘴唇。我们走在任由风吹雨打的游廊向目的地而去，就好像是要被带去山间的露天浴场一样。

村野风格的设计，究竟有多少保留着呢?

我满怀期待与不安，跟在女士后面行走，渐渐看到正门了。用柏树圆木料和栗木方材不规则地搭建起来的柏树皮葺顶的大门，那是中村外二的手笔。外二在佳水园建成的那年，开始施工建造由吉村顺三设计的俵屋本馆的增建工程。数年以后，他又与吉村一起接手了新馆的增建工程。著名建筑师负责设计，外二负责施工。不知道这种做法是不是外二自己有意识的经营策略，但事实上，在京都的茶室风格建筑工人中，要说通过与建筑师共同合作来增加实际成果的，很多人首先想起的就是中村外二。在这一点上，他与坚持自己设计自己施工的平田雅哉，以及和外二一样以京都为基地的笛吹嘉一郎完全不同。笛吹被誉为当代首屈一指的茶室风格建筑师，他留下了很多著名建筑，有历史剧名家大河内传次郎的大河内山庄、阪急电铁公司创始人小林一三公馆的茶室、岸信介总理官邸的茶室等。

外二与建筑师的交流甚广，村野独立创业后不久设计的第三家酒店睿山酒店（1937 年）也是他负责施工的，他在杂志刊登的对谈中讲到了当时的情况。

“听到村野先生表扬我说，年轻人干得不错，我感到非常高兴。”

虽然这种天真的话语和中村外二的工匠形象稍有偏差，但若是知道外二生于 1906 年，比村野小十五岁的话，也就不难理解了。睿山酒店竣工时，村野四十六岁，外二才三十一岁。佳水园竣工时，村野六十八岁，外二也已经五十三岁了。也就是说，两人是二十多年的合作伙伴。顺便提一下，吉村顺三比外二要小两岁。

到访京都之前，我调查过中村外二设计与施工的经历，找到了好几项他与村野藤吾以及吉村顺三共同合作的工程。

工程名称	设计者	
睿山酒店	村野藤吾	1937 年
中林仁一郎公馆	村野藤吾	1940 年
千草（旅馆）	村野藤吾	1947 年
村野公馆住房“残月”的一部分改装	中村外二	1948 年
俵屋本馆	吉村顺三	1958 年
都酒店佳水园的门	村野藤吾	1960 年
洛克菲勒三世公馆茶室	吉村顺三	1960 年
东山魁夷公馆	吉村顺三	1964 年
都酒店桥门	村野藤吾	1965 年
俵屋新馆	吉村顺三	1965 年
植田公馆	吉村顺三	1969 年
饭田矿次郎公馆	吉村顺三	1971 年
约翰·列侬公馆	矶崎新	1971 年
洛克菲勒三世公馆	吉村顺三	1972 年
纽约北野酒店内茶室	吉村顺三	1973 年
费城日本书院改装	吉村顺三	1976 年
藤田公馆茶室	吉村顺三	1977 年
中里太郎右卫门公馆茶室	吉村顺三	1978 年
东山魁夷公馆增建	吉村顺三	1980 年
村上恒雄公馆	吉村顺三	1980 年
神慈秀明会宗教活动建筑	吉村顺三	1984 年

其中最有意思的就是“村野公馆住房‘残月’的一部分改装”。也就是说，村野藤吾将自己家的工程委托给中村外二设计并施工。我在平田雅哉那一章里已经提到过了，村野公馆的独栋茶室是委托平田师傅设计并施工的。巨匠建筑师自己的住家，是由两位昭和时代极具代表性的大师经手的，更有意思的是不仅负责施工，而且设计也是由他们亲自操刀的。

茶室风格名建筑不为人知的绝技

我穿过门洞就看到了建筑的外观，与 1960 年竣工时刊登在建筑杂志上的照片一模一样。大楼环绕铺着白沙和草地的中庭而建。

在面向中庭的东侧建筑物右面，也就是朝南方位，深绿丛中的岩石崖壁依稀可见，有瀑布从上泻落。

佳水园被誉为村野风格和式建筑的杰作，代表了昭和时代的茶室建筑风格，不过，好像村野本人并不这么认为。在建筑杂志的对谈中，村野对自己的设计态度进行了解释。谈话的对方名叫筱原一男，也是一位留下了很多住宅建筑的建筑师，当时是东京工业大学的副教授，后来成为这所大学的名誉教授。当时村野藤吾已经七十五岁了，而筱原一男才四十一岁。

筱原问：“先生是什么时候开始有‘日本’这一概念的？”村野在回答中提到了佳水园的设计，他说：

“就拿佳水园来说，我在设计时并没有什么和风意识。无论是那棋盘式格子或是椽子，我觉得与其说是日本式倒不如说是西洋式。当时只是想让屋檐看上去薄一些，所以尽量将椽子的间隔弄得宽一些。这样做出来的东西与传统的是完全不同的。我不仅根据当时的地点、环境和功能，做出了不同的表现，而且手法本身、思维方法也是不一样的。”

建筑师本人解释道，与其说是日本式倒不如说是西洋式，这对于我们在理解建筑物时有很大帮助。看上去像是木结构的屋顶，其实是在支撑屋檐部分的椽子中嵌入了外表看不到的钢筋，通过这种方法表现出了木结构建筑无法实现的、薄而深的屋檐。建筑师超越了茶室风格建筑的传统手法，运用了现代化的建筑技巧，自由自在地进行表现。

终于踏入了建筑内部。进去一看，我不由得连连点头，果然马上就见到了西洋的风格。因为别馆完全独立于本馆及其他大楼，外表看上去像是高级旅馆，所以我满以为里面是铺着一整块让人为之瞠目的进门地毯，然后有身着和服的女士在等着迎接客人，深深地鞠躬之后，我们首先要脱鞋。谁知完全不是。玄关处只铺了一块灰色地毯，并不需要脱鞋。我们就穿着鞋子走在通往各间客房的走廊里，也没有身着和服的女士来迎接。

我伫立在玄关处环视了一圈，看到了用细细的木条斜着交叉组合起来的拉窗，是每两根细木条成组疏开布置的拉窗。村野在对谈中所说的“那棋盘式格子”可能就是指这里。确实，若是不看茶室风格的建筑外观，你一下子站在这格子前面的话，或许是会感到很有西洋的味道。

往里走去，总能看到一些屏风拉门。虽然只是将框架做成菱形，但也可以想象师傅们制作时的辛劳，越往下菱形好像被压扁了一样，这样的设计真是太难为师傅们了。

镶嵌在天花板里的照明，在其正方形的框架四周安装了换气口，而且整体设计也很讲究，就像是在天花顶上画了一幅抽象画一样。

楼梯墙壁支架上的照明灯是用细细的黄铜条仿造成金字塔形状，这的确是村野风格的细腻造型。其他墙壁支架上是另一种设计的照明灯，都是由菱形和梯形组合起来的几何造型，总让人感觉像是椿象（一种昆虫，臭斑虫）的背。

入住“月七”

客房围着庭院而建，我按顺序由前面开始参观。

客房一共有二十间，从玄关到走廊分为三大区域。靠近玄关的是名为“花”的区域，共有客房四间。围着中庭建造的二层楼建筑是“雪”区域，共有客房七间。而中庭对面，沿着东侧楼梯而上有一楼、二楼、三楼，属于区域“月”，共有客房九间。

房间布局虽然各不相同，但设施配备基本一样，都是以八到十叠的主卧为中心，有套间、洗手间和浴室等。

我一间间地参观一楼的客房，心里常常感到不平静，觉得很意外。因为，虽然各房间的布局都变了，但是壁龛所用的材料，还有拉门和隔扇等结构，甚至天花顶上的照明灯具的设计并没有发生很大的变化。在走廊和楼梯上看到的拉门和灯具，设计上都有了变化，造型也都很精致讲究。我满以为要是那样，不光是每间客房的布局，其所使用的材料和设计也都应该发生了变化。

若是每间客房设计的细节部分没有什么太大的变化，那么……

我本打算先对各间客房的布局和美观程度进行比较，然后再选择住哪一间客房，现在改变了想法。为了明天黎明时分的摄影，我决定要找一间，不仅能拍摄室内状况，而且还能从窗户拍摄到最能反映这家酒店特色景观的房间。

若是打着灯光照明的西式酒店建筑，看上去最美，最佳摄影时间段就是黄昏时分。但是，若是和式建筑，最值得看的景色不是在黄昏，而恰恰是在黎明，太阳将要升起的时候。那一缕淡淡的白色阳光，为我们刻画出和风的精妙意境。若是能入住摄影最佳的客房，那么我就不用在黎明前，麻烦旅馆职员特意来将作为拍摄场地的客房门打开了，就可以顺利地开始摄影，不用在意时间，踏踏实实地进行拍摄。

要说从窗户可看到的佳水园独具村野风格的景色，那就是屋顶。

缓缓的斜面，如剃须刀般薄薄的铜板铺成的屋顶，像是在描绘高低错落较大的地形一样，错综复杂地交叠在一起。村野在对谈中也讲过，为了使屋顶看上去更薄，他在构造方面进行了独特的研究。

我结束客房参观来到中庭，抬头看了看屋檐，并且仔细观察了椽子间隔较宽的细节部分，因为距离太近，并没有体会到设计概念中的“薄”。

那么，从什么地方拍摄最有效呢?

从中庭朝上一看，我停住了视线。在由树木与岩石组成的山顶部分，我看到了一扇窗户。

“那间客房是？”我一边指着一边问带路的女士。

“是叫作‘月七’的客房。”

据说那是三楼的客房，穿过围绕中庭的内廊上楼就是。很幸运，这房间好像今晚还空着。我立刻上楼去参观二楼的客房，然后再上三楼。在客房“月七”的门口，我看到一处像茶室院子的空间，感觉与其他客房有所不同，设计做工都比较讲究。

进入客房，我穿过十叠大的房间，打开拉窗。横向细长的庭院对面是一个陡坡，也没有被树木遮住，可以俯视到一楼的中庭和周围建筑的屋顶。由于季节的关系，正好树叶都掉落了，有一些树枝，也不怎么影响视线。景观与我在中庭仰视时想象的一样。

当即办好了入住手续，并要求给我三个人的被褥。其中两套被褥是作为摄影用的小道具，放置在靠近拉窗的地方。

佳水园的被褥是旅馆自己研发的，是三分五层式的羊毛被，有“天堂被褥”之称。长两米，厚度看上去有三十厘米，十分漂亮，我想用它来烘托房间的气氛。

还有一套是自己用的，为了不妨碍摄影，我请他们先将它摆放在洗手间前面。

屋顶保留着线条美

清晨五点半醒来，离日出大约还有一个半小时。我是按照提前一个小时开始拍摄并留出充分的准备时间来设定闹钟的。醒来我先望向窗户外面，看到还没有天亮的迹象，于是开始换衣服，进行拍摄的准备。好像起来得有点早了。

我洗脸刷牙，换上衣服，打开放在两套被褥边上的落地灯，又望了一下窗外。东方刚刚开始显露出微微的白色。昨晚我已经将摄像机调整好角度架在那里了，所以只要确认一下日出的位置，稍作修整就行。房间的天花板，铺好的两套被褥，摆放在被褥之间的落地灯，具有村野风格的细细格棂的拉窗，以及成组疏开布置的楣窗等，我将室内的装潢摆设都摄入了镜头，然后将拉窗作为画框，开始拍摄数十米之外的平房屋顶。

我再一次看了下天空的光线，亮度又增加了些许。刚刚还能看到的星星，少了许多。我觉得时间差不多了，于是将玻璃窗全部打开。因为房间里的光线比外面亮，所以不仅摄影机会映在玻璃窗上，而且最重要的外部景色也会时隐时现。冷空气一下子从外面吹了进来，房间里的温度骤然下降，我不由得打了个寒战。

就在数分钟之前还沉浸在黑色夜幕里的建筑物，在日出前的白色晨光照耀下，眼看着轮廓分明起来。屋顶就好像是由数把锋利的刀刃重叠起来一样，呈现出美丽的造型。这就是村野藤吾特有的和风建筑设计。果然，这里是摄影的最佳位置，我一边自我肯定，一边开始拍摄。我一会儿用肉眼，一会儿又通过摄像镜头注视着错落组合的屋顶进行拍摄，心里头感觉自己不是在拍摄“屋顶”，而是在拍摄某种“薄薄的立体造型”。

突然，一道金光穿透了冬季晴朗的天空。太阳出来了，向阳的部分与呈影子的背阳部分越发鲜明，屋顶的边缘恰似刀刃一般闪烁着光芒。以光照部分为中心，对细微的部分进行多次拍摄，我觉得差不多了便结束了摄影工作。

身体一直受到外面空气的影响，彻底冰凉了。我本准备将浴室的池子放满热水，但又想反正时间还早，于是就决定去本馆的温水泳池游下泳出身汗。然后，在本馆的餐厅吃早餐。

这家酒店的魅力之一就是有温水泳池。这还是一位外国朋友告诉我的。

他说：“温水泳池是免费的哦（现在一次要五百日元）。”接着他又加了句：“这在日本很少见。”

穿着休闲服装，想游泳的时候，直接去三楼的泳池服务台就可以了。酒店温水泳池免费，在日本人看来，是稀罕而有魅力的特点，在外国人眼里则成了稀罕但又很正常的事情。对于日本城市酒店的做法，他经常会问我，为什么很多酒店对住在酒店的客人使用酒店的泳池，还要收取很贵的费用？的确，我在海外，也从来没有见到过住酒店的客人使用酒店的泳池是要收费的。

都酒店好像在加上了国际性连锁酒店的名字，进行了大规模的改造以后，受到了外国游客的好评。住了一夜以后，我再次感受到这里确实有很多的外国人。在邻近泳道游泳的，在桑拿室一边闭着眼睛享受高温、不时睁开眼睛微微一笑的，在泳池旁边的气泡浴池尽情地聊着天的，全都是外国游客。正因为是在和式建筑里睡醒起来，却在酒店内的各处感受到的都是异国情调，才更令我感到十分新奇。

游完泳之后的早餐，我犹豫了半天还是选择了东西融合的自助餐。与日式旅馆不同，这里早餐和晚餐都是另收费的，所以你可以在酒店餐厅吃饭，也可以到外边去吃。用餐时间不受限制的轻松悠闲，这是在一般旅馆体验不到的魅力。在旅馆，当服务台告知你说晚餐最迟到七点时，我就想提意见说希望能优先考虑客人的需求。以前入住某家旅馆，由于我想专心致志地拍摄，直到完全天黑才回去，于是提出有可能的话，希望晚餐定在七点半以后，结果对方回答说，他们七点钟开始准备料理，要是晚餐定在七点半以后，料理可能会有点凉，请我谅解。碰到这种情况，我连提意见的勇气都没有了。

早餐后，我去了本馆、东馆和南馆参观。除了作为别馆单独建造的佳水园之外，这三栋建筑在村野藤吾手上，甚至是村野去世后又在其他人手上经历了好多次的增建、改建和拆除。结构复杂得令我走着走着就搞不清自己现在究竟是在哪个馆了。

我信步前行，不久便渐渐看出有些区域还保留着许多村野风格的设计。正如我在办理入住手续时所感觉到的，本馆正厅里的村野设计已是毁灭状态，不过宴会厅专用的大堂还保留了一些村野风格的设计。比如，用金属制成的、像蔓藤般错综复杂地相互缠绕在一起的扶手，以及呈现优雅曲线的楼梯，还有从天花顶垂下的花束造型的吊灯等。

好几个大小不同的宴会厅，虽然内部都已经过改装，令人遗憾，但是名为“圆形包房”的小宴会厅还保留着昔日的风采。这所“形如其名”的圆形房间，空间大约有六十六平方米，顶部高为四米，中央垂下的吊灯有着如水母般的造型，这些确实是村野藤吾特有的豪华设计。

这里还有可以从房间直接出去的平台，因为平台比房间要低一米左右，所以还设有宽宽的曲线楼梯，不过，最引人注目的还是那扶手。整体设计非常简洁，支撑扶手的柱子是白色的铁棒，扶手是由白色铁棒直接弯曲而成。那流畅的曲线，令人感觉像是缓缓流淌的河水，这的确就是村野风格。

若有人问我这家酒店值得推荐的村野设计，我会毫不犹豫地回答，那就是佳水园和圆形小宴会厅。

父子两代的遗产

回到佳水园，又过了两个小时。

冬日的阳光透过挂在玻璃窗上的竹帘，照射在玄关处椅子的周围，营造出一处向阳的地方。阳光微微地温暖着我的脸颊，使我感到心情无比舒畅。我眺望着建筑物和庭院，不时站立起来，对着想要拍摄的地方按下了快门。

我总觉得有点不可思议，刚刚还在满是外国游客的热闹大楼里忙于寻找想要拍摄的对象，现在却这般置身于著名的昭和时期的建筑中，悠闲自在地享受着寂静。概念如此不同的住宿建筑，建造在同一地面上，这样的酒店也是挺罕见的。而且，这又是同一位著名建筑师设计的，这样的著名建筑恐怕可以说是独一无二的吧。

哦，不对！名师不止一位。若是算上负责佳水园大门施工的中村外二，那就是两位。另外还有两位也是不能忘记的，就是与这家酒店有关的父子俩。

那在岩石中巧妙地营造出瀑布的庭院，是园艺师小川白杨 1925 年（大正十四年）的作品。这里曾是担任过总理大臣的清浦奎吾的别墅喜寿庵，当时庭院就是为这所别墅而建造的。为了纪念清浦两年后迎来的喜寿（77 岁），村野藤吾的支持者之一西彦太郎，向闲居京都的前总理大臣清浦建议，在这里建造别墅。西彦是当时酒店的负责人，为了给清浦提供酒店用地，还组建了以总经理藤村义朗为首的建设委员会。

喜寿庵的庭院直至今日仍受到很高的评价，1994 年被列为京都市文化遗产。虽然小川白杨被寄予期许，但是在建成庭院的第二年，也就是年号刚刚由大正改为昭和之后，他便结束了短短的四十五岁的生命。

白杨的父亲是第七代小川治兵卫，人称“植治”，在京都以及日本各地留下了众多著名庭院。植治建造的庭院，其特征就是表现自然，人们行走其中，不知不觉地就会产生一种在不知名的山中迷路的错觉。植治在都酒店周围南禅寺一带也留下了处处名胜，有其成名作山县有朋的别墅无邻庵，以及碧云庄、住友鹿谷别墅、对龙山庄、平安神宫、圆山公园等。

植治最早是在 1904 年给都酒店建造庭院的。他曾建造的有“瀑布”的庭院，直到1985年将庭院里的“瀑布”拆除为止，瀑布一直备受客人们的喜欢。1933年建造的由三层式瀑布构成的硕大回廊式庭院至今尚存，1994年与其子白杨建造的庭院同时被列为京都市文化遗产。然而，在庭院建造开始一个月后，当工程告一段落时，在近代造园史上留下了丰功伟绩的植治去世了。也就是说，保留在这家酒店、被列文化遗产的名胜，是这对名家父子园艺师晚年时的最后作品。

村野在新建佳水园进行设计时，为了充分利用这位英年早逝的名匠留下的遗作，一定是费尽了心思吧。建筑物围绕着庭院而建，这里有白杨自己设计建造的、在白沙上用草地仿造成葫芦和杯子的庭院。

在入住的第二天傍晚，摄影总算告一段落，所以我决定在晚餐之后去外面走走。经朋友介绍，我来到了上七轩老店的茶屋（叫“中里”的酒吧）。因为是专程来的这里，所以我点了一杯这里最受欢迎的饮料。

“是白兰地乳酸饮料吧。”酒吧老板说。

在吧台，酒吧的常客，坐在我身边的艺伎也都喝着同样的饮料。

我接过酒杯喝了一口。久违的味道“物如其名”，就是乳酸饮料中加了一点白兰地。我向酒吧老板请教上七轩的历史以及在茶屋酒吧的作乐方式，不知不觉就到了深夜。

第二天办完退房手续，我把行李寄存在服务台，最后又在酒店里兜了一圈，回到大堂已经过了下午五点。

离搭乘新干线回程，还有些时间。

我毫不犹豫地经过服务台，向三楼的泳池服务台走去。

美丽屋顶的感触
——伊豆·三养庄

死后完成的著名旅馆建筑

二月已经过了一半，我来到被称为伊豆半岛咽喉的伊豆长冈。

从东海道新干线三岛车站租车向南行，大约三十分钟的车程，就到了旅馆三养庄，这里的新馆是我拍摄的对象。这座建筑是村野生前通过草图和模型进行了多次研究，死后才进行实际图纸设计和施工的，是由村野·森建筑事务所东京分所的时园国男以及大阪分所的近藤正志负责完成的。

近藤虽然只是事务所的一名职员，但是他参与了作为第二次世界大战以后的建筑、首批被指定为国家重要文化遗产的世界和平纪念堂的设计。这是村野·森建筑事务所的作品，在设计者一栏，他与村野藤吾一起，榜上有名。近藤出生于1916年，比村野要年轻二十五岁，在1943年，当时年方二十七岁的他就与村野一起工作了。正如建筑师浦边镇太郎所说“即便是（村野）先生画在记录纸上的一张草图，名手近藤正志都能够准确理解，并把它制作成详细图纸”那样，近藤对于村野而言，是不可或缺的左膀右臂。

我从京都的都酒店开始，对现存的由村野藤吾设计的酒店都进行了拍摄和采访，到现在，工作已经基本结束。比如像现为宇部ANA皇冠假日酒店（曾经的宇部全日空酒店）那样，拆除了现代雕刻般的，甚至可以说是标志性建筑突出建筑外观的巨大外部照明设施，给人的第一印象就完全不同了。还有像我事先对其目前状况有所了解已经有了思想准备的大阪都酒店那样，其作为大阪喜来登都酒店重新出发时，虽然在外观上完全保留了村野的设计，但内部装修则早已支离破碎了。

每当看到令人忧虑的实际情况，最初我是非常沮丧、心情十分沉重的，但现在不知不觉也想开了，朝积极的方向考虑了。我不再为村野风格设计的丢失而叹息，而是为通过自己的眼睛去寻找和发现至今仍奇迹般幸存的设计而感到快乐。

对于到访的三养庄，有三个理由令我对其怀有特别高的期待。其一，它是村野设计的酒店中的最新作品，几乎保留了原有设计，至今仍在营业。其二，这是自佳水园以来，我第二次对村野设计的和风建筑进行拍摄。最后一个理由就是，那宽敞的庭院是与都酒店有着密切关系的园艺师——第七代小川治兵卫植治的手笔。

建筑物周围，三面环山，这里曾经有好几栋拥有硕大庭院的豪华别墅。三养庄也是旧三菱财团创始人岩崎弥太郎的长子、财团第三代总帅久弥在 1927 年建造的别墅，与当时植治建造的庭院一直保留至今，现在被用作本馆。顺便提一下，在东京也可以看到三菱家族与植治的关系。由吉村顺三、前川国男和坂仓准三共同设计、建在六本木的国际文化会馆，以前曾是三菱财团第四代总帅岩崎小弥太公馆用地，那里也还保留着植治建造的庭院。

1947 年，别墅被作为十五栋旅馆（现在的本馆）重新开业。1988 年由村野事务所设计的新馆开业，之后又继续进行了增建客房的工程，终于在 1993 年全部完成。近藤在新馆开业时，已七十二岁，到全馆开业时都七十七岁了。

“吸取经典”与“复制”

三养庄因为占地面积近十四万平方米，约有三个东京棒球场那么大。建在高地的、原为别墅的本馆前面有一个缓缓的斜坡。位于前面用地的新馆，各间客房以通往本馆的陡坡状走廊为主干，就像是开在枝头的花朵一样分散开来。宽敞的主卧有十四叠大，这空间用来睡觉足够了，然而套间也有十四叠，还有洗手间，有的甚至还备有一间随从房。所以与其说是客房，不如说是由走廊连接起来的独立豪宅。这样的豪宅有四十栋之多。

这家旅馆的建筑群体现着村野风格的和式建筑中的一种设计手法，是“吸取经典”的范本。村野通过对古典建筑中所保留的著名“经典”设计的感知和吸取，将其升华并创造出“复制”的造型。在旅馆里随处可见这种造型，这里就像是村野风格“复制”的展厅。

把来客从用地入口处引导到玄关接待处的板墙是用乱砍工艺制作的，就是用斧子在栗木表面不规则地削砍出凹凸不平的肌理。这是京都南禅寺的山庄清流亭所使用过的制作手法。

正门大堂的屋顶呈鼓鼓的、缓缓的斜面，就像“大乌龟身上驮着小乌龟”那样重叠在一起，这是复制了大和栋的屋顶形式。大屋顶上面再重叠上一个小屋顶，这样使得建筑物看起来更有“格调”。

进了玄关，宽敞的大堂告诉人们，这里就是一家大型酒店。我一下子就看到了摆放在角落的圆筒形洗手石钵，那是复制金泽兼六园中的茶室“夕颜亭”的设计。人们可以透过大堂的玻璃窗眺望庭院，玻璃窗有一根横档将人们的视线分为上下两层，上半部分镶嵌了菱形框格的透光拉窗。庭院中的植物通过下半部分玻璃映入室内，翠绿耀眼。在横档上嵌入拉窗，是“复制”小堀远州留在大德寺塔头孤篷庵本堂中的茶室“忘筌”。

客房“花宴”的面积有茶会用的大厅那么大，因为有间很大的浴室，故也可用作住宿，而且还有专用的院子。院子的门就像是历史剧中的武士悄悄在街头行走时所戴的斗笠，营造出一种高格调的氛围。这斗笠门最经典的就是武者小路千家官休庵院子的门。看室内，其构造特点是将二叠大小的地板做高一个台阶，上面是叫作残月的壁龛。这是复制表千家书斋残月亭中的壁龛构造，天花板是使用和纸制作的透光天花。

在客房“早蕨”最引人注目的是呈现出梳子般弧形的楣窗。这种经典的设计是在从里千家移筑到北镰仓东庆寺的寒云亭里的。印象最深的还有书斋，拉窗上镶嵌了扑克牌大小的彩色玻璃。

我回到了主楼走廊，稍作前行再往左拐，来到了客房“野分”。

桂离宫……我之所以会在内心喊了起来，是因为看到了遮盖空调室内机的小壁橱。小壁橱表面分别斜贴着不同颜色的布料。在桂离宫中间房间窗下的墙壁上也有类似装饰，那是用黑白相间格纹的天鹅绒和金箔分别斜贴着，是模仿布料贴这种工艺。

我来到室外，没回走廊主干，直接往走廊岔道深处前行，进了客房“初音”。

正如近藤所说的象征着旅途休息那样，这房间的格局就像鸟儿展开双翅在休息一样。首先映入眼帘的是进门处的洗手石钵。这也是复制小堀远州建造的茶室“忘筌”。这屋内也有叫作残月的壁龛，不过没有做高一个台阶，只是在与榻榻米同高的地方铺上了地板，属于衔接式壁龛。

墙上还有一个像隧道入口一样的叫作“龛破床”的壁龛，平坦的格子状天花板是吸取“经典”金泽的加贺前田家家主夫人居所成巽阁的“群青”而建造的。我被映照在玻璃窗上的漂亮庭院所吸引，转过脸去，看到了向外延伸用竹子与木板组合起来的窗外走廊，这也是复制兼六园夕颜亭的结构。

不过，我又在想，这些引人注目的设计，确实都是复制古代建筑中的经典。但是，村野并非依葫芦画瓢那样照搬经典，而是结合了旅馆建筑这一特点，增添了村野风格。从这个意义上来说，或许称这里为村野风格“趣味”的展厅更为合适。

最高视角

我穿着袜子继续在馆内悠闲地行走。鞋子已经在玄关处的地板前脱下，交给服务员了。这与穿着鞋子就可以通过走廊行走到各间客房门口的佳水园不同，这里是榻榻米走廊与铺地毯走廊并用的旅馆形式。

我走进合意的房间，发现合意的设计就停下脚步，将经典与复制对照一下并进行拍摄。之后，我又重新回到走廊，再进入另一间客房，又停下，回想一下经典，继续拍摄。接着又行走，停下，比较，拍摄。虽然一直重复进行着这四个动作，其实我想寻找的“关键”只有一个。

因为在我的脑海里，会不时浮现出在佳水园拍摄的那些情景，挥之不去。日出前，在东边天际透出的那一线白光的照耀下，那屋顶就好像是由数把锋利的刀刃重叠起来一样，呈现出美丽的造型，那就是村野藤吾所特有的和风设计带给我的感动。我希望能够在这里，再一次体验到那时那刻的感动。我一边想，一边寻找着能够将所有屋顶尽收眼底的关键地点。

因为多达四十间客房，其屋顶都是相互独立的，各种形状和斜面的屋顶交错重叠在一起，拍摄这样的画面，要比拍摄佳水园时的难度大得多。究竟有没有这样一个地方，能够将如此壮观的画面摄入镜头之中呢？

我一边寻找着，可在内心的某一角落已经放弃了，心想这恐怕是难以实现的愿望。佳水园是建造在可称之为崖地的三层式高低错落的用地上，因此，可以从三层楼的房间俯视一层楼建筑的屋顶。当我由下而上寻找时，立刻就决定从那间客房的那扇窗户进行拍摄。

然而，这里的占地面积要比佳水园大得多，而且也没有缓缓的斜坡，想象不到什么地方能有这样的关键之处。进入玄关前，我从位于低处的前庭环视了一下，想寻找有没有适合拍摄的最佳地点，但是没有找到能够将建筑群尽收眼底的场所。

沿着带有缓缓斜坡、不时还有拐角的主要走廊，我一边透过廊窗眺望着溪流，一边向上而行。

来到了大堂的楼梯处。按照馆内地图，好像上面是大浴场。

说不定……我充满期待沿着带有拐角的楼梯拾级而上。

在男士大浴场前面是榻榻米的走廊。从走廊窗户可以看到屋顶。

打开窗户，寒风扑面而来。我伸长脖子朝外望去。很遗憾，只能看到窗口的屋顶。

哎！我马上想到了别的角度，心想，若是从这屋顶，说不定能看到旅馆所有屋顶的全貌呢。本想若要到室外去，我得先回房间拿件外套，可是兴奋的心情占了上风。

我脱了袜子，光着脚，将摄像机挂在头颈上，就跨过窗框来到屋外。铜板铺成的斜坡就像缓缓的慢坡向前延伸。因为这里不是供人行走的地方，当然就没有扶手了。

想想还是回玄关处去取存放在那里的鞋子吧，我正在犹豫不决，一念之间觉得来回会浪费了时间，因为太阳已经开始西斜。

我光着脚，战战兢兢地踏前一步，冰冷的屋顶使得脚底冻得生疼。不愧是村野风格的屋顶。多亏了斜度较缓，我坐下了，五指弯曲紧紧扒住，总算稳住了身体。

大腿与小腿肚以及手指都用上了劲，慢慢地一步，又一步，再一步往前挪。当我看到屋顶边缘时，臀部肌肉也用上了劲。虽然这里是一层楼的屋顶，但下面是通往地下室的一个斜坡，很难把握这里离地面究竟有多高。不过，感觉上比站在二层楼的屋顶还要高，加上寒风刺骨，整个身子都僵硬了。

掉下去的话，应该不仅仅是骨折了吧。

想象使得我更缩小了脚步。两眼直盯着脚趾尖，脚摩擦着屋顶移动了一步，又移动一步，再移动一步。

离开窗户大约有四到五米的样子，我把视线转向了四周。

第一次露出了笑容。

映入眼帘的是脑海中所想象的画一般的情景。远处圆锥形的屋顶好似橡树的果实一般，那是建在离正门大堂更远处的休息室“葵”的屋顶。从我当时的所在位置到最远处的这栋建筑，有五六十米的样子吧。在这五六十米之间，各种大小不等、斜披不同、朝向不一的屋顶互相簇拥着，延绵相连，覆盖着整片大地。我就好像站在天守阁（城堡中央的高楼）上瞭望城下的村落一般，心情无比爽快。

我稍稍直起身子，马上开始拍摄。早知道这里有如此魅力的景色，为了防止拍摄时抖动，把三脚架带来就好了。心里感到有些许后悔，当然也没有时间回房间去取。我就撅着屁股，尽可能控制住身体，一直对着在阳光照耀下不断变换颜色的屋顶进行拍摄。

差不多经过了一个小时。

我回到了自己的客房“兰”。房间是西式的，由卧室和客厅组成，这种客房在三养庄也为数不多。这也是在1993年全馆竣工的新馆中，最后完成的客房之一。约有十叠大的卧室、三十二叠的客厅及厢房都设有暖气空调，冻得瑟瑟发抖缩着身子回到房间的我，感到格外的温暖。

喝着客房服务员为我做的咖啡，佳水园的情景与我刚刚看到的画面交替着浮现在了我的脑海里。两者无论是规模还是建筑结构都迥然不同。但是，薄薄的屋顶，顺着地势相互交织在一起的情景则是共通的。我感到，佳水园就好比属于“经典”，而三养庄就像是“复制”一样。

品尝着房间里准备好的丰盛的应时料理，我又回想起刚刚看到的情景。即便是在温泉泡澡，脑海里浮现的也都是这些景致。因为是用胶卷拍摄的，若不冲洗出来看看，就不知道究竟拍摄成了什么样子。正因如此，随着时间流逝，我心里越来越感到了种种后悔。

要是再调整一下角度就好了……也许身子再直一点……即使身子不能再伸直，至少可以把拿着摄影机的两只手尽可能地再抬高一点……

由于身子是蹲着的，无论是高度还是方位，都只能用相差不大的角度拍摄，心里总感到有些遗憾。

若是拿出勇气，挺直腰板的话，或许还可以采用好多种手法去拍摄更为感动的镜头吧……

好不容易找到了这么好的拍摄地点，自己还是没有百分之百地利用好它……

我越想越后悔，好像把刚刚胸中满怀的激情、感动都挤到角落里去了。

回想，后悔，每次这样的重复都会加剧我明天清晨要再去拍摄一次的念头。

早上的阳光应该会更加美丽。刚才的拍摄，就当作是一次探路和预习吧。

我想象着数小时后将要遇到更多的感动，躺到了松软的床上。

屋顶的感触

第二天清晨。我一觉醒来，看了下枕边的钟，已经六点了。为了马上就能确认天气情况，昨晚睡觉时，我把防雨窗和窗帘都打开了。醒来映入眼帘的是已经开始微微泛白的天空。看这样子，数分钟后就可以开机拍摄了。昨晚，我上床以后并没有马上安睡，不一会儿又爬起来，继续写稿，反反复复，直到快三点才睡着。这种情况，对我来说还是很少见的。

这可是关键时刻。

我从床上跳起来后，也不换衣服了，就在穿着睡觉的卫衣外边披上外套，拿起三脚架和摄像机，将五卷胶卷及三个滤光镜塞进了口袋里。

这与在佳水园的拍摄不同。那时我从被窝里慢慢腾腾地爬出来，就在三四米远的地方安好三脚架，马上开始拍摄了起来。而现在，要经过距离这里数十米远的斜坡走廊，上楼梯，再从窗户里爬出去，战战兢兢地站在屋顶上，还要腿部和臀部肌肉都用上劲，脚底摩擦着屋顶移动数米，然后才是拍摄点。

我刚要出门时，想起了昨晚脚底冰冷，于是拿了双放在庭院前的室外用拖鞋，然后赶紧沿着昏暗的斜坡走廊走去。很想跑步赶着去，但是这时其他客人正在安睡，我不敢在这寂静的走廊中奔跑。

过了楼梯，来到目的地窗口。

天色比刚才更白了，已经刻不容缓了。

打开窗户，一只手抱着装有摄像机的三脚架，用穿着拖鞋的脚跨在窗沿上，这才使我真切地感受到昨天的摄影工作有多么的重要。我环视了一下，估算该走到屋顶的什么位置景色才是最好的。

从窗口移步向前，我按照熟悉的动作要领，一步，又一步，再一步地往前挪。

"啊！"

当我发出轻声惊叫时，就是脚下打滑了，像是用胸口砸屋顶一般突然趴了下去。因为清晨的露水结冰了，在屋顶上面形成了薄薄的一层冰。为了保护摄影机，这下就遭殃了，手不能撑，身体就像滑冰一样向下滑去，脚上用劲儿也毫无作用。我抱着三脚架，想要停住下滑的身体，十个脚趾尖拼命抵着屋顶。

咯吱咯吱，咯吱咯吱，咯吱咯吱，咯吱咯吱，咯吱咯吱，咯吱咯吱——

就像剃刀的刀刃，没有任何能卡住身子的地方。背部和颈部发冷，一下子滑了下去，下巴磕到了屋檐。

心想，若是双手抓住屋檐，吊住身体就好了。小小期待在零点五秒后，就被绝望彻底打消，脑子里一片空白。没有任何东西可抓，屋顶的触觉从两只手中消失了。

头缓缓地向后倾倒，怀抱着摄影机的身体旋转着划出一道弧线。以前读到的平田雅哉说过的话在脑海里闪过。如果不“马上跳下来”，或是“抓住一样什么东西”，头就会着地了。但是，想跳已经是来不及了，也不可能抓住什么东西。我猛然头颈用力，就像柔道中安全跌倒法那样抬头朝上。就在这时，我飞了出去，失去了知觉。

刻骨铭心的村野风格

天空，层云密布。

我，似乎还活着。

这是什么地方？是骨折了还是断裂了？没有想到的是，我全身都感到疼痛。

这是傍晚？不是！看阳光，好像是早晨。这么说来，从我掉下来到现在，还没有经过多少时间。

随着意识渐渐恢复，我对疼痛处也慢慢地有了焦点，是整个左半身。

半身不遂！浮现在脑海里的词语令我心中一紧。

四周静悄悄的，就连鸟叫的声音也没有。

“疼，疼，疼！”

我轻声喊叫。耳朵好像能听见声音。

掉下来的地方，不像是有客人来往的地方。而且，时间也还早。大多数职员都还在睡觉。会不会就这样不被任何人察觉就……

我战战兢兢地动了动手指。

左手，因为疼痛麻痹了，没有感觉。

右手，好像能动。小心翼翼地抬起手来，我看到了黏在指甲上的黏黏糊糊的血。

是不是什么地方骨折了，是穿破了皮肤？对于自己的想象，我感到后背发冷。

为了打消内心的恐怖，我扯着嗓子喊道：

“有人吗？！”

一阵剧痛。声音徒然地消失在了单调的景色中。

“喂——”

回答我的只有疼痛。周围还是没有任何反应。

我轻轻地动了一下头颈，剧痛袭来。不过，似乎还能动。我稍稍朝向一侧，看到了草丛，是掉落在了泥土地上。

因为与建筑物外墙相隔数米，心里正在好奇自己是怎么跌落到这里的，再一看不由毛骨悚然。

离我数十厘米远的地方就是水泥地。若是跌落在那里的话，再也不可能像现在这样恢复知觉了……

从未想到，自己竟会以这样的方式去亲身体验村野风格的建筑——手指和脚尖都无处可抓、如同刀刃一样光滑的屋顶。

哦！摄像机？！

我忍着剧痛抬起头来。脚边摄像机还在三脚架上，倒在那里。后盖，还好没有打开，终于，松了一口气。因为昨晚黄昏时分拍摄用过的胶卷还在里面。事已至此，不可能再重新拍摄了，那可是珍贵的照片啊。

现在可不是玩味幸运的时刻啊。要是就这样，没有任何人发现的话……

若是没有人察觉，那么只有靠我自己移动到能够叫到人的地方了。然而，怎么移动呢？

我不知所措。心想，有时候原本是能得到救助的，由于勉强移动，反而没的救了。

疼痛传遍了全身。我咬紧牙关，得出的结论是尽可能地尝试下移动。

为了能匍匐移动，我首先必须将仰天朝上的身子翻转过来。

“疼……疼……疼……疼……疼……”

疼得眼角流泪，我小声喊叫着，忍住疼痛。

翻过身子，右肘使出全部力气，开始挪动。右脚脖子的活动成了唯一的依靠，其他部位都僵硬了。

不记得自己究竟挪动了多远，又是如何进入建筑物里边的。

“谁！”

感觉听到远处传来了女士的尖叫声。

奇迹般的生还

从那一天开始，经过了一个月。

我被送到了伊豆长冈的医院，无论是最初为我诊疗的医生，还是我回到东京以后重新为我仔细检查的医生，经过多次详细的视诊和按诊，反复察看X光片子和CT片子，他们都感到非常吃惊。他们都问我，为什么没有任何地方骨折，连头部也没有损伤。他们都惊叹道，真是奇迹啊。

虽说右手中指的指甲被摔得脱落出血了，但其他的部位都只是受到强烈的碰撞，既没有骨折，也没有骨裂，更没有摔伤皮肤。肌肉、肌腱等也都没有断裂。

肩膀以下腰部、大腿，还有腿肚子到脚踝以及整个左半身，全都呈紫黑色，就像是在刚漆好的地板上侧身睡过一样。内出血和肿胀一天天地厉害起来，腰部和大腿的皮肤下积满了瘀血，一直往下，直到脚踝。有一阵子，脚踝肿得与腿肚子一般粗了，非常疼痛，甚至起床都感到很困难。事故发生后，过了一个星期左右，我忍着疼痛，不用拐杖也可以自己行走了。

两位医生都说，虽然到完全康复还得花很长时间，但是应该不会有什么后遗症的。

确实，虽然当时手和脚都动弹不得，但是与所谓的半身不遂不一样，随着疼痛减轻，身体机能也恢复如常了。不过，即便身体机能恢复了，但心理障碍仍然存在。

我自那天以来，再也不敢用正眼去看屋顶了。

对仰视有抵触，而有些时候不注意向下俯视了，即使马上转移视线，我也会感到后背发冷。脑海里总是会浮现出同一情景：十个脚趾抵在屋顶上，也不能够停住身子，自己那笨拙的身体最终跌落了下去。

走路时，头部还是会不自然地上下晃动，碰到初次见面的人，我总得要解释一番为何会如此。不过，现在也恢复了正常生活，我也决定重新开始采访和摄影的工作了。

为此，首先必须要购置摄像机。

连同我一起掉落的摄像机，由旅馆职员帮我收好了。满以为可以保得住的，可是损坏太严重，不能修理了。机身前后都被摔裂，机械及电子零件都露了出来。

摄像机厂家修理部的职员取出了胶卷，确认胶卷图像没有问题以后，跟我说了与前面两位医生同样的话："真是奇迹啊！"

总算一切就绪，在经过数月以后，我又外出去摄影了。

目的地是位于奈良的毗沙门天王的总寺院——信贵山朝护孙子寺。

那里有一处无论如何都要去拍摄的建筑。

既非酒店，亦非旅馆，那是村野藤吾设计的唯一一处寺院宿坊。

守护建筑师心灵的旅馆
——奈良·信贵山成福院客殿

深藏山坳的著名建筑

在二十分钟前，通往目的地的路线从汽车的导航图上消失了。山间小道的左右都是森林，若是对面有车开来，车身都难以错开。

要是走错了路，有没有地方可以让车子掉头呢？

内心的忐忑还不止这些。

建造在这样深山老林的建筑，真是村野藤吾设计的吗？

尽管已经向目的地出发，而且已经走到了半路，可我的内心还是充满了疑虑，这是因为事到如今，我对目的地建筑是怎样的，甚至连它的外观都一无所知。

我在作品年谱里看到这名字的时候，有那么一点兴奋。

信贵山成福院客殿。

这是信贵山朝护孙子寺总寺院的成福院中一栋名叫信众会馆的住宿设施，也就是宿坊。

由著名酒店建筑师设计的寺院宿坊，究竟是怎样一座建筑呢？我满怀期待，翻阅了很多已经出版的村野藤吾作品集，还对过去的建筑杂志进行了详细查阅，可是没能发现宿坊的照片。既然这样，那就直接上网打开寺院的网页，但是也没能找到类似村野藤吾设计的建筑照片。

我直接给宿坊打电话询问，对方回答说，这里的确是请村野先生设计的。但是宿坊方面也说，不记得曾接受过有关建筑的采访和拍摄。若是这样，说不定这建筑在设计上没有什么特色，只是属于一栋普通建筑，以至村野自己都没有把它列入作品集来发表吧。

我开着租来的汽车往山坳深处前行，内心越发忐忑不安，仅凭着方向感，慢慢地踩着加速器。不一会儿，我来到了一处高地，到了尽头。

不见有类似建筑。是不是自己走错路了呢？

我从车上下来，环视了一下周围景色。四周郁郁葱葱，看到远处有金光闪耀的高大佛像和佛堂。给我的错觉是，自己不知不觉地走进了深山老林中一座不知名的亚洲村庄。

我走到高地边缘，俯瞰眼下的景色，不由得浑身一震，感觉就像有一条硕大的虫子在脊背与衬衫之间爬行一样。因为眼前看到的是各种形状的、用瓦铺成的屋顶在绿郁丛中重叠交错在一起，有歇山式屋顶、金字塔形屋顶、人字形屋顶，以及四面斜坡屋顶等。我的目光停留在了其中一处用铜板铺成的屋顶上，屋顶在强烈的阳光照射下闪烁着灰暗的银光，就像是滑雪的跳台一样，边棱弯弯，朝上翘起。看上去这像是特意设计的，没安防积雪下滑的棒，无论雨、雪都可以一下子滑落下去。

造型如尖尖头盔一样的屋顶，分三层错落组合，每层屋顶给人的感觉好像是电动的，马上就要开始运转，动感十足。

不错！那就是村野藤吾特有的、别具匠心的设计。

我做了好几次深呼吸，令我澎湃的心平静下来之后，踏上了通往建筑的台阶，开始下行。

我之所以没带行李，空手下行，一是因为台阶太陡，二是因为打算先确认一下正式停车场的位置。

我尽量不向四周看，但两只眼睛好像被吸引了似的，还是不时地张望。建筑物最大的特点就是屋顶。清水混凝土浇筑的三层楼建筑，有体育馆那么大，盖上具有特色的屋顶，墙壁上排列着独特的火灯窗，这样的外观，与其说它是村野风格的宿坊，更不如说是村野风格的现代城堡。

我边偷眼观望边行走，渐渐对整体建筑产生了一种不协调的感觉。

我边走边想，这究竟是因何而起的呢？

最终还是不明其因，就来到了正门前。

发现的欣喜

我说明了来意，马上就有一位年轻的师父走了出来。他询问我是否开了车，又问我车停在了哪里，帮我把行李从车里搬到了房间。进香客使用的停车场好像是在别的地方，必须从我刚才来的那条山路回头开下去，再从另外一条路重新开上来。师父说就停在那里也没关系，于是我决定就把车停在原地了。凭方向感开车来寺院的这条路，只有当地人才会走，普通来访者是不会走的。不过，多亏选择了预想不到的路线，才使得我与宿坊相遇。从在高处俯瞰极具个性的屋顶开始，宿坊给我留下了深刻的印象。

在房间里稍作休息，一位女士用小盘端来了热茶和罕见的干果。我曾经在好几家宿坊住过，共同点即厕所、洗手间、浴室都是公用的，而这家宿坊的迎客方式完全是现代旅馆和酒店的形式。

到用餐还有些时间，我决定先在建筑物内参观一下。拜访住持是约在明天，所以今天我就按照自己的计划先进行观察和拍摄。

三层楼的建筑物，一楼是也可以用来住宿的大房间，二楼是客房，用隔扇和墙壁隔成了八间，三楼是大厅。走着走着，我看到好几处很像村野藤吾设计风格的地方。虽然一直心怀不安，但来这里看看还是对的。我从自己的决断获得了信心。

二楼走廊，从外观上看是一排具有特色的葫芦形的火灯窗。窗下外墙有两个突出的雨水出水口，像是鸭子的下瓣片嘴喙。房间里成组疏开布置的拉窗也是村野风格的纤细框架。前面楼梯的扶手，是在漆成木质模样的铁杆上再包上了木质材料，显得较有柔性。后面楼梯的扶手，则是用白色的金属棒弯成一条简约的曲线，两者形成鲜明的对比。三楼大厅的天花板是用一整块巨大木板做成的，荧光灯和聚光灯镶嵌在天花板里呈现出几何形状。

正因为事先没有得到任何有关这座建筑的信息，所以在馆内散步，当发现村野风格的设计时，我感到格外新鲜和欣喜。感觉自己就好像是一位探险家，发现了一直保存至今、不为世人所知的宝贵遗迹一般。

一路上，各处正在打扫的师父们的身影给我留下了深刻的印象。有的在擦拭空房间的地板，有的在擦拭楼梯的扶手，有的在擦拭玄关的服务台。若是旅馆的客房服务员们这样在各处打扫的话，可能会让人感到心神不定吧。可不知为何，师父们打扫，他们的行为就像是一幅画，让人感到非常和谐，甚至自己也觉得心平气和了。那样子，说是正在工作，或许可以说更像是一种修行。

不久，天色渐暗。随着“对不起，打搅了！”的招呼声，身着工作服的中年师父将晚餐给我端到了房间。他一边解释着，一边把丰盛的晚餐一样样地摆到桌子上，让我感到很过意不去。首先是贝类和蔬菜的漂亮拼盘，有醋拌黄瓜、芝麻豆腐、日本荞麦面以及刺身，有白萝卜煮芜菁，还有炸蔬菜和炸海虾，然后是白饭和汤。

晚餐后，我来到地下室大浴场悠闲地泡泡澡，舒展一下筋骨。泡好澡，我上一楼休息室，看到师父们正在休息，在看电视里棒球比赛的现场转播。模样都挺亲切的，若是没剃光头，我还以为是其他客人呢。

正这样想着，突然觉得，我之所以会对这些师父有这样的亲切感，那是因为在白天我已经见过他们好多次了。他们一直在馆内各处打扫，自然而然就会见到，简单地打个招呼，我不知不觉便与在这里修行的师父们都熟悉了起来。这就像是住小酒店一样，住在里面自然而然地与所有职员都熟悉起来，心情感到十分舒畅。

在习惯了去酒店与旅馆住宿、采访的人眼里，对看到的、接触到的所有一切都会感到十分新鲜。

一丝不苟的设计

现在真是早上五点半吗？

没想到不知不觉中，时间飞快地流逝，令人感觉就快要接近正午时分了。

并排在进香参道两边的灯笼还亮着，太阳在天空东边较低的位置。尽管这些都告诉我现在还是黎明，但之所以令我错觉成了白天，是因为阳光照射的道路上已经行人如流了。这些人为了上早课，朝着正殿走去。还是年纪大的人比较多，也有一对对的年轻人以及带着家人的。

我正在宿坊外拍摄建筑外观，由于太阳已经升起，摄影暂时中断了，我决定也去正殿看看。随着人流，我走在两边并排着灯笼的参道上，上了台阶就看到前面有一座庄严的寺院建筑。

我坐在了一处供人们拜佛的地方，里面有几位师父端坐着。他们都身披油菜黄、土黄色和金色相间的华丽袈裟。

不久，听到一阵声音传来，身子哆嗦了一下。是在做大般若祈祷，好几位师父正在大声吟诵长约六百卷的大般若经。不只吟诵，而且还呼啦呼啦地翻阅经书，咚咚敲击大鼓，敲打发出类似铜钹声音的佛具和钵盂，隆重热闹，扣人心弦。我虽然心里想这样很不慎重，但还是把大鼓和钵盂发出的声音当作“嘻哈演奏”，把僧侣诵经的声音听成了低吟的说唱。也不知道是什么意思，听着听着，我感到有股力量一点一点地从身体里面往外涌。

参观完诵经，从正殿回来，师父们还在宿坊前扫地。

“您回来啦！”

那是粗犷的声音。

用抹布正在擦白木柜台的是长老的夫人，也就是住持的母亲大人。住持正趴着在擦玄关的木质楼梯，满身是汗。

住持问我早餐前是否先来一杯茶，我就客随主便了。在他的引领下，我坐在了休息室的沙发上。

据住持说，在这宿坊，每天也会进行诵经祈祷。早上，有一位师父在做完自己的秘法毗沙门天护摩供修法的早课以后，就会来这里做第一次诵经，时间大约是刚过六点。之后，分别在九点十五分、十点十五分、十一点十五分，每隔一小时诵经一次，一直进行到十六点十五分。

老夫人给我端来了茶。因为我跟住持说想请教一些有关当年设计和施工等的情况，他说那还是问我母亲吧，于是就把这任务让给了老夫人。

“有关村野先生的情况，您还有什么印象啊？”我一边喝着茶一边问。

“您来这里，经过赤门时，看到参道边有一排松树吧。据说村野先生对这松树印象非常深刻，进来坐下以后，在茶水上来之前，他拿出自己的名片，一下子在背面画了草图。在用餐的时候，刚吃到一半，村野先生展开包筷子的纸，唰唰唰地又在上面画起草图来，那是屋顶形状的草图。”

“二楼的火灯窗也是村野先生设计的吗？”

“火灯窗是近藤先生设计的，我肯定不会忘记，像鸭子嘴喙一样的雨漏，要说就是一种装饰吧。我问他这是什么，他说是雨水出水口。这模型，他做了一遍又一遍，重新制作了好几遍呢。”

近藤正志，我在三养庄一章中曾经介绍过。他是村野·森建筑事务所的职员，在村野生前，他是村野的支持者，在村野死后，又是事务所的支柱。成福院于1970年竣工，当时村野七十九岁，近藤五十四岁。委托人是现在的长老（当时的住持），出生于1924年，当时四十六岁。老夫人生于1927年，当时四十三岁。现在的住持出生于1957年，当年才十三岁。

擦拭混凝土

“屋顶也挺有特色的。”

“那屋顶，最初我还曾想究竟会怎么样呢。结果，当屋顶造好以后，铜板闪闪发光。从静冈请来了四位工匠，住在这里，当时天气还挺冷的。这里虽然不下雪，但还是挺冷的。建造天花顶和柱子，都是将混凝土放入做好的模子中浇灌成型的。做模子时，近藤先生对于木纹板的接缝是非常严格的。这么大量的混凝土都是在现场搅拌的。多亏了这么做，还用了京都的硅石沙，没有出现任何的裂缝。”

硅石沙几乎都是由石英粒子组成的，一般用于铸造模子。

老夫人满怀思念地讲述着当时建造的情况、建筑师和建筑工人们的辛苦，就好像是在讲述自己家人和亲戚所经历的辛劳一样。

我说这混凝土挺干净的啊。

“是我们擦拭的哟。”

“擦拭？”

“从十月中旬开始打扫，按顺序一直打扫到年末。”

“哦？！”我一下子还想象不出擦拭混凝土的情景。

“不是用水洗吗？”

“不是啊。是擦拭的。”

“怎么擦拭啊？”

“一直是在双脚梯子和双脚梯子之间搁上木板。”

“用布擦吗？还是用刷子刷？”

“是用抹布，就这样轻轻一擦。”

“就这样？有什么不同吗？”

“当然不同啦。”她加强了语气说，“这真的是不一样。”

想来这也的确不同。我一边回想着建筑的外观，一边倾听着老夫人讲述。

“不光是在年末，有些地方我们每天都要擦拭的，虽说只是用抹布这么轻轻一擦，但是就干净了哦，不必使用洗涤剂。因为颜色变了就不好了，有污迹的地方，先要像拾垃圾那样把污迹弄走。

因为一擦，那就全黑了。这种污迹若是积累多了，那么好不容易用清水混凝土建造的东西，也就全被糟蹋了。”

这时，我的脑海里突然想起了什么。说不定这是……

“请问，这建筑竣工是……”

“1969 年的最后一天，新年的钟声响起前，三楼的一部分墙壁还在抹水泥呢，所以正式启用是从 1970 年的 1 月 1 日开始。”

哦！我在心里轻声地叫了起来。

我终于明白，为什么我刚到此地，第一次看到这栋建筑时会产生一种违和感。

违和感的原因

要说这违和感的原因，简而言之，就是建筑与其建造的年代不符，不像是年代久远的建筑，倒是显得生机勃勃。

1970 年。

再次计算一下这建筑的年龄，已经有四十几个年头了。

这建筑实际年龄已经超过了四十岁，但看上去显得十分新颖，甚至给人只有十来年的感觉。

我想起了一年前在兵库县看到的另外一栋建筑。那也是清水混凝土建筑，是一位世界著名的日本建筑师设计的，他比村野要年轻得多。因为这位建筑师擅长清水混凝土建筑，所以我对建筑表面的美观满怀期待，结果去了一看，简直脏得不堪入眼，哪还谈得上欣赏啊。一眼望去，一片乌黑，瞬间就感到难以忍受。记得那栋建筑还是 1989 年完成的，比这宿坊要“年轻近二十岁”呢。

“在这附近还有其他的清水混凝土建筑呢。”

据说老夫人是眼看着这些建筑一年年地变黑而受到了启发，心想自己这里绝对不能变成那样子。

“每当见到这些建筑，心里就会想擦洗一下会怎样呢？可不知什么时候，他们便贴上了瓷砖。”

我们两人笑了起来。对这种不幸的事情，也只能笑了。设计那建筑的人若是听到了，一定很沮丧吧。

“我想，真是太可惜了。所以呢，无论混凝土还是木结构，墙壁也好，天花板也好，我们全部都要擦拭。尽可能不使其发黑，保持住村野先生建造当时的颜色。不过，还不知道能坚持到什么时候呢。”

老夫人说得很谦虚，但这栋建筑竣工可是四十多年前的事情了。想一想，在这四十多年来，一直坚持仔细擦拭，认真打扫，就这也让人敬佩不已啊。我想，可能是把这工作当作是寺院的一种修行了吧。一打听，她回答道，也不能说与修行没有关系，据说现在寺院有很多打扫工作都委托给外面的清洁公司了。也就是说，他们之所以坚持这样打扫，那是出于对建筑师的一种感谢吧，属于寺院自发的措施。

无论是建筑师还是建筑公司，对于施工时如何才能够将混凝土或木材做得更漂亮，应该都有自己的技术吧。可是……

“怎么才能保持混凝土和木材的美观，比起施工人员，我想老夫人您更有发言权吧。”

“我想是的。”她的回答一点也不含糊，“我们连屋檐下的混凝土椽子部分也全都擦拭的。您看一下香资箱上面的部分，我们每天早上都会举行护摩仪式，都已经黢黑了。”

“不仅是混凝土，木头也擦拭吗？”

“从十月中旬开始，天花板、门窗、拉门框架等木料部分都会全部抹一下。用加热电器将放在金属脸盆中的水加热，再把卸妆用的肥皂放进去熔化，然后浸入抹布，捞起拧干，扔给负责擦拭的人，轻轻地擦两下。抹布脏了交给另外的人洗，每次扔给负责擦拭的人的都是新抹布。接下来就是揩净，这下热水中放的是牛奶。就算我们自己不喝牛奶，每年也要给木料好好喝上一次。”

“湿抹了之后，在揩净之前，要晾干一下吗？”

“不用晾干。因为晾干了，污迹就不太好擦掉了，所以在负责湿抹的团队擦两下以后，负责揩净的团队马上就行动了。二楼客房所使用的木料啦，一楼的木质柜台，当然不只是在年末才打扫，即使没有客人入住，比如长架等，每天都要擦。而且不是抹一下，而是要放牛奶的，所以是揩净。所用的热水是每天把淘米水加热，再放入牛奶一起使用的。”

“是擦洗混凝土和木材。”

“还有地毯。”

“地毯？不是吸尘吗？”

“是擦拭。当然，三百六十五天每天都会用吸尘器仔细吸的。但是，光是用吸尘器吸还不够，地毯也要用抹布擦的，逆着毛擦。正因如此，金色的地毯虽然已经用了几十年了，但一点儿没有受损。记得当初地毯就是特别定做的。”

我决定请求老夫人再次带领我去馆内参观，重新确认一下擦拭打扫后的成果。

“您看这柱子，好像是用透明涂料涂过一样吧。”

“哦？确实是啊！”我看着她所指的地方，感到十分惊奇。“这可不是从一开始就涂上去的哦。”

“原来只是白色木料。一直擦了又擦，就成这样子了。”

柱子闪烁着米黄色的光泽，就像是反复涂过好几层透明涂料一样。

“您看这门也像是涂过的一样吧。”

我不由得笑了起来。据说原本这门与做在墙壁上的神龛一样，都是用素白色木料制作的，这么多年来，每天都仔细擦拭，以至木质散发出了漂亮的光泽。

“每天擦就会变成这样了吧。”

“是的，就会变成这样子的。”

两个人又笑了起来。

建筑师最大的幸福

我倾听着老夫人的讲述，不时和她一起欢笑，于是想起了村野曾说过的话。那是我开始对村野藤吾设计的旅馆进行采访前，在杂志上读到的。

当委托人堤义明看到村野完成的作品新高轮格兰王子酒店时，明白了建筑就是一门艺术，委托人自己也学到了只有全权委托建筑师才有可能产生这样的建筑。而村野听了这番话以后说，这是对建筑师的最大褒奖。也就是说，对于建筑师而言，没有比听到这样的话更让人感到幸福的事情了。

我读到此，感到有小小的疑问，心想是否真是如此呢？对建筑师而言，最大的幸福就是从设计委托人那里听到如此的赞美之词吗？

另一位建筑师吉村顺三在谈到“建筑师最为开心的时刻”时说：“日暮时分，从一家房门前经过，看到屋子里灯火通明，一家人的生活其乐融融，这对建筑师来说就是最为开心的时刻，不是吗？”

这是建筑师的最大幸福。

村野与吉村两人说话的共同之处就是，这种感觉都是在建筑物刚刚竣工时的采访中说的。

但是，作为建筑师，感受到的最大幸福，究竟是否就是在这种时刻，在这样的采访中产生的呢？

对于这两位巨匠建筑师说的话，一直以来我总觉得自己没有真实地感受到，但是又找不到其他的答案，重重疑问不知不觉就沉落在了我心灵深处的某个角落。而现在，这疑问随同答案，一下子都展现在了我的眼前。这就是四十多年来，在这奈良的深山老林一直坚守着建筑师作品的一位女士告诉我的。

“因为我很珍惜与村野先生的这种缘分，我想，至少在我们这一代要保持住干净。我常对大家说，一定要守护好先生的心灵，所以就这样去尽量地保持洁净。”老夫人说着露出了微笑。

“我们也只能做这些了，因为我们当时给先生提出了种种要求，也无以为报，只有尽可能努力去保持住干净了。”

我不住地点头表示赞同，又想起了村野先生说过的话。

“设计者就像是一位产妇，一直会守护着出世孩子的成长过程，当然希望建筑物能得到更有人情味的管理。因此，我对于自己设计的建筑，在其完成以后，每次去都会要求对方把那里打扫一下，或者把这里修理一下。”

我在想，建成后已经过了四十几个年头，若是建筑师听到了委托人说在这四十多年里，一天不落，每天都在擦拭和打磨自己的作品，到现在还一直念着要报答建筑师，他将是怎样一种心情呢？

我真的很想说，这才是对建筑师的最大褒奖啊。

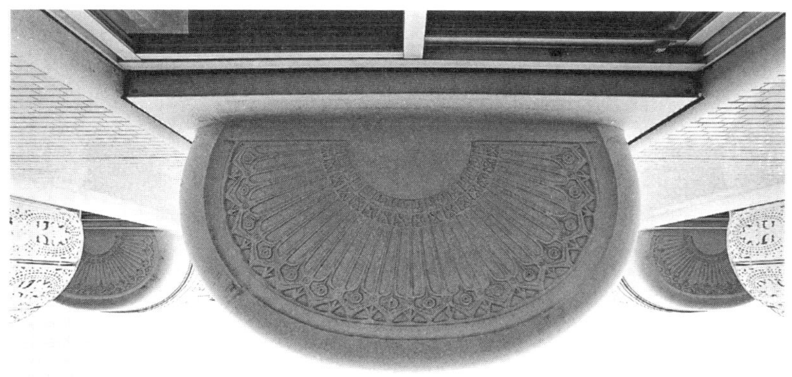

新高轮格兰王子酒店

左页　村野说过在设计上最下功夫的地方是铝合金阳台。一共有一千零十个
右页上　“惠庵”的用柿木铺成的斗笠门
右页下　站在阳台下面看到的底部装饰

新高轮格兰王子酒店

左页上　“惠庵”和“曙”的高低柜。柜子里壁用不同布料贴成的斜面，这种设计来自桂离宫

左页下　客房的化妆台。施工公司为了对照村野的设计，还准备了样板房

右页　客房“秀明”是用钢筋建造后再装修成木结构。舟底形，透光天花板。村野设计讲究使用有小瑕疵不甚美观的木料，来体现柔美的关西风格

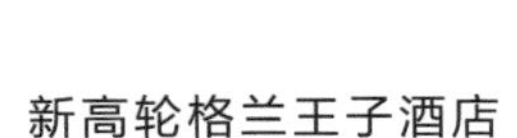

新高轮格兰王子酒店

左页上　宴会厅（天平）的天花板照明
左页下　总服务台位于上方，使用FRP复合材料灯罩的吊灯
中　镶嵌在电梯门上的珍珠贝
右页下　作家井上靖命名的大宴会厅“飞天”。天花顶优雅的弧面镶嵌着珍珠贝，营造出凹凸菱形的、看上去仿佛是绗缝做出的花样
右页上　天花顶上模仿星梅钵花纹的换气口

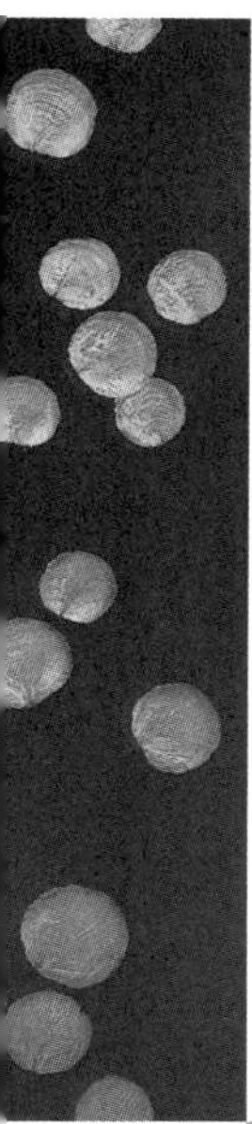

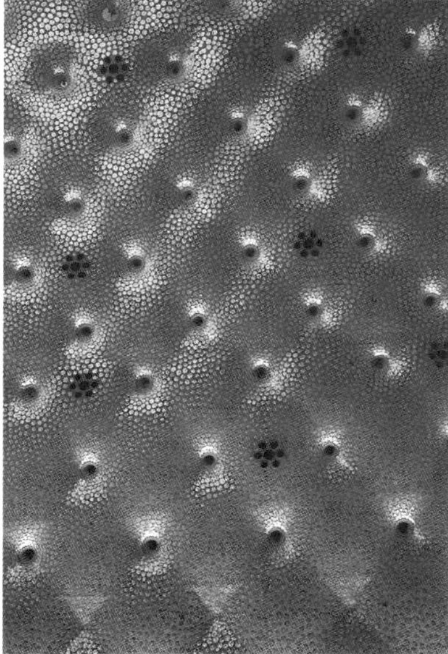

佳水园

左页上　由石板铺成 45° 角的屋檐下看到的铺着白沙和草地的中庭。屋檐一角是细细的立柱

左页下　黄铜框架和纸糊的照明灯

右页上　多层斜度较缓铜板铺成的屋顶，错落有序地融入自然风景中。潺潺流水底部铺着小石子是村野亲手做成的

右页左下　客房“月七”的入口处

右页右下　由客房“月七”看到的黎明时分的景色

佳水园

左页上　位于玄关处带有西洋风格的成组疏开布置不同的拉窗
左页下　客房中黄铜框架和纸糊的照明行灯
右页上　从玄关延伸出的屋檐
右页中　入口处上方的屋顶顶梁用乱砍工艺而制成
右页下　竹子制作的雨水槽

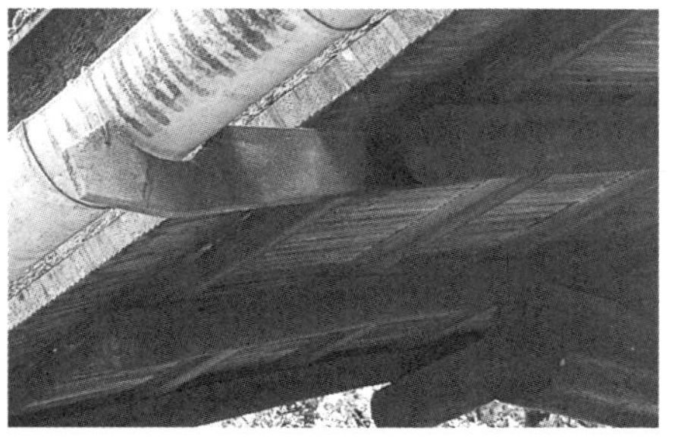

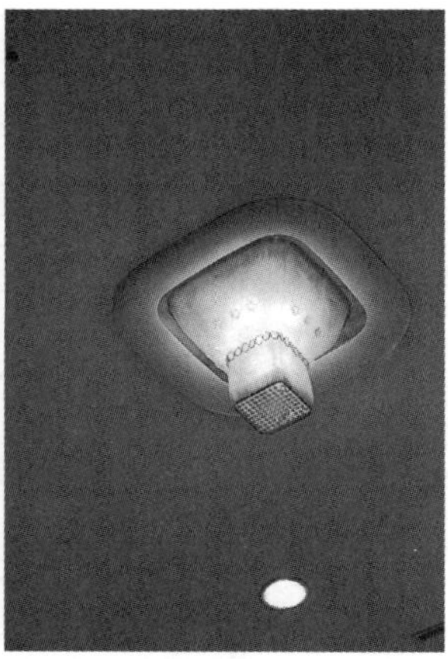

都酒店

左页上　宴会厅入口大堂使用FRP复合材料灯罩的吊灯
左页下　宴会厅前的休息大厅。明亮的天花顶划出优雅的弧线
右页　小宴会厅“圆形包房”大约有六十六平方米。圆形的平面、蕾丝窗帘、布料装潢的天花顶、FRP复合材料吊灯，可在此举办婚宴等

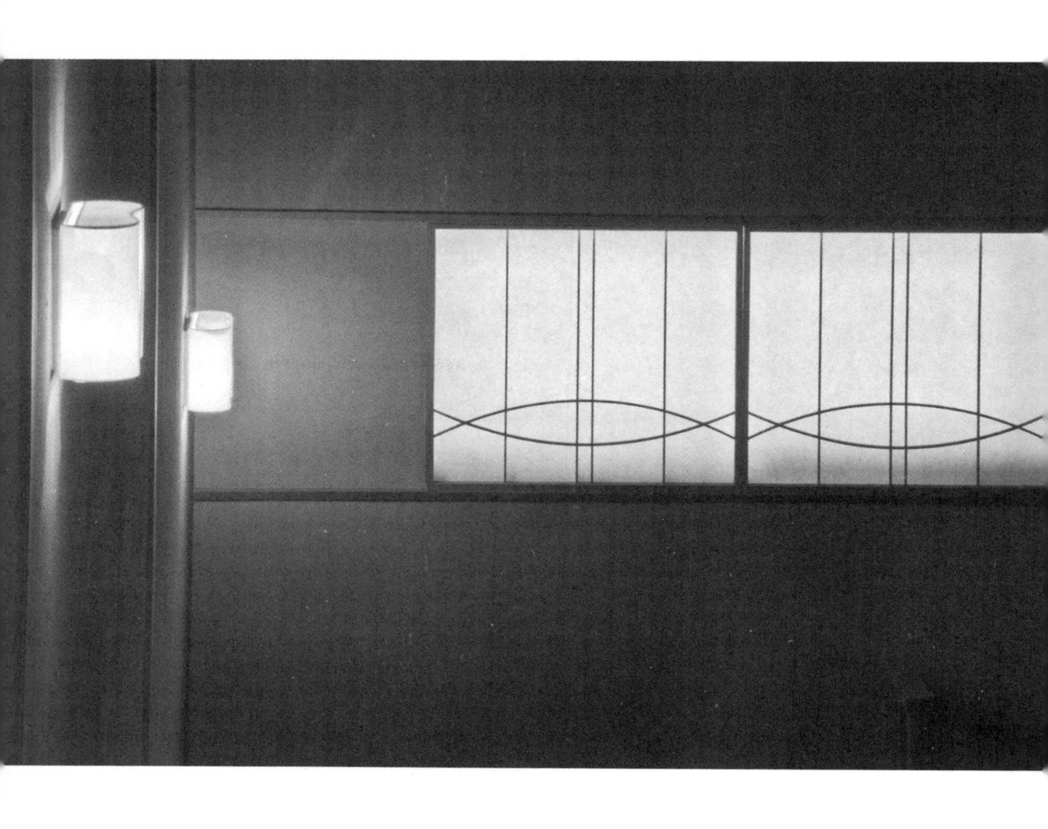

三养庄

左页　通往二楼大宴会厅“雄峰”楼梯的拉窗和半葫芦形壁灯

右页左　走廊中的公用洗手间入口的屏风拉门。将纤细的框架设计成斜条，前后形成复杂的组合

右页右上　玄关入口处心形猪眼状照明及猪眼状小窗

右页右下　优雅的正门大堂屋顶，使用鼓鼓的弧形瓦片铺成，与同样是缓缓斜面的屋顶组合在一起，形成了大和式屋顶

三养庄

正门大堂天花板处犹如活动雕像的巨大吊灯。与线条柔和的撑竿相比，灯罩的线条利落大气

三养庄　客房“初音”

左页　细木条两根成组疏开布置的拉门等，从外观上看，还留有村野设计风格
右页上　竹排见月台及用竹子与木板组合起来的窗外走廊，模仿兼六园“夕颜亭”的窗外走廊
右页下　从宽大的客厅窗户看到的庭园。有洗手石钵，有溪流

三养庄

左页上　建在客房“花宴”前空地上的斗笠门。仿造武者小路千家官休庵的门

左页下　客房的玄关。移门由纤细的框架组成，是没有玻璃的格子门

右页　客房“乙女”的客厅窗

三养庄

设计成独门独户的客房。大小朝向不同的屋顶鳞次栉比，斜度较缓的屋檐描绘出鲜明的轮廓

信贵山成福院

左页上　三层重叠呈弧形的铜板铺成的屋顶。中层檐端较圆，上层趋向三角形

左页下　通往本堂，道路沿线的外观

右页上　设置在二楼走廊窗下的两个雨水出水口

右页左下　中心庭园的外观。二楼与三楼向外延伸，厚重与轻快相结合

右页右下　二楼客房

信贵山成福院

左页上　前面楼梯
左页下　后面楼梯
右页　三楼宴会厅的天花顶。镶嵌式照明。方格天花板设计，由天花顶将门楣中间吊起

箱根王子酒店

左页　楼梯内侧的扶手，用不锈钢金属将盾牌状的木质胶合板连接起来
右页上　大堂休息处的天花顶。隐约发光的顶部镶嵌了珍珠贝。三合板弯成的天花板
右页左下　放在休息处的低矮椅子
右页右下　天花板照明的设计别出心裁，是由三位戴着帽子的女士头像组合起来的

京都宝池王子酒店

左页左　大宴会厅“黄金屋”天花顶。平面为莲花瓣形状。将优雅下垂的蕾丝布料收紧，这种设计与都酒店的“圆形包房”相似

左页右　茶室风格的独栋“茶寮”，八张榻榻米大小的和式客房

左页左下　酒店外观

右页上　正门大厅，立柱顶部的枝形吊灯。建构材料使得灯具看上去变幻莫测

右页下　独栋“茶寮”玄关的半高拉门

志摩观光酒店

左上　二楼西式大堂壁面成组疏开布置的拉门。看上去像是老鹰的翅膀

右上　空间约有五百五十平方米的宴会厅“珍珠”的顶部照明。用FRP组装起来的天花板照明和间接照明

下　酒店所在地英虞湾的平静水面和夕阳是著名景点

大阪都酒店

上　远处看去，酒店的外观设计轮廓分明

左下　步道沿线的扶手

右下　近看可看到铝合金造型的外墙呈弧形。立柱的下部较宽，就像扎根在地下一样

第四辑 旅途之始（浦边镇太郎）

一期一会
——仓敷旅馆

1984年12月12日，村野藤吾的葬礼在大阪圣马利亚天主教堂隆重举行。

“神父称赞先生一生活得十分精彩，就连遗容都展现出了勃勃生机。

“接着，葬礼委员长海老原一郎主持告别仪式，文化厅铃木长官、艺术院有光院长、建筑学会小堀会长、建筑家协会圆堂会长、早稻田大学西原校长以及友人代表画家东山魁夷相继致悼词，赞扬这位已逝的巨匠在艺术方面留下了无与伦比的成就，为社会做出了巨大贡献，给参加葬礼的人士留下了深刻印象。海老原委员长在致辞中还赞扬了与先生形影相随的遗孀的奉献精神。”

以上是建筑师浦边镇太郎所描写的，村野藤吾九十三年零六个月的漫长生涯落下帷幕时的情景。浦边对于这位与自己一样以关西为基地开展工作的前辈建筑师村野藤吾十分敬仰。他说："先生在去世的当天还教育事务所的年轻职员'要自己摸索自己去干，别老想着别人来教你'。先生在自己整个人生中一直都用这句话勉励自己。"

我在对村野藤吾以及平田雅哉进行调查的过程中，无数次接触到了浦边镇太郎这个名字。

村野的老师是被称为大阪府建筑士会之父的渡边节。渡边在卸任会长职务时，与村野等人一起出席了座谈会。在村野被授予文化勋章时，渡边写下了题为《村野先生的底线》（村野先生の底辺）的随笔。他还在村野著作《村野藤吾和风建筑集》出版纪念会上致辞，在村野藤吾去世时，又执笔写了悼词。

浦边也为平田大师的作品集写过寄语。他说："称之为老板和先生的人满街都是，而被称为木匠大师的人，据我所知只有平田，能符合如此高声誉的人实在是凤毛麟角。作为昭和时代的木匠大师，平田雅哉的名字将世代传颂。"

浦边平易近人，其文笔很打动读者，也经常出席一些座谈会和对谈，而且能掌控和协调现场气氛，看似漫不经心的一句话，却能引发与会者的欢笑。这些都是我在对村野与平田的调查中所了解到的。我本身在读书的时候就挺喜欢浦边镇太郎这位建筑师的。

有这么几个理由。

第一，对于建筑师而言，在结束建筑师生涯前都希望能够获得一次的建筑学会奖，他获得了两次，而且两次都是凭"住宿建筑"而获得的。一次是仓敷国际酒店，一次是仓敷常青藤广场酒店。虽然浦边是日本国内非常著名的建筑师，但其作品却都集中在仓敷这个小城镇，这让人倍感兴趣。

仓敷现在已成为日本有名的观光地了，但是，浦边开始在仓敷创作建筑作品时，还是在 1955 年左右。当时提及比较著名的建筑，想到的也只有大原美术馆了，根本谈不上是什么观光地。仓敷市中心根据市政府条例被指定为观光地区，那还是 1969 年的事情。山阳新干线仓敷车站建成开始启用是在 1975 年，到了 1979 年，才被列为国家重要传统建筑群保护区。

但是，在对村野藤吾设计的旅馆、吉村顺三设计的旅馆以及平田雅哉设计的旅馆进行调查的过程中，我之所以会注意到“浦边镇太郎”这个名字，还有另外一个理由。在我心里的某个角落总是怀有这样一个念头，那就是说不定在某家旅馆，与那家旅馆的某个人相遇。于是这就成了我写这本书的最初契机。

为了聆听旅馆的职员述说往日与建筑师在一起的回忆，享受无比奢侈的时光，我开始旅行去游访建筑师设计的旅馆。

在南纪白滨万亭的老板那里，我打听到了“平田雅哉”这个名字，对其声名之大越了解，就越是感到自己是多么的无知。要说的话，这就成了促使我为写这本书而进行采访的直接契机。然而，其实当时在我脑海里同时还存在另外一个想法。

那是在去南纪白滨的两个月之前的事情。

我采访平田雅哉设计的旅馆时，还从来没听说过这位大师的名字，但建筑师浦边镇太郎则不同，我在读书时就知道他的名字了。可万万没想到，自己正在采访的旅馆竟然是建筑师“浦边镇太郎设计”的，要不是第二天白天，在那里偶遇的一位极富魅力的女士告诉我，我还浑然不知呢。

与这位女士度过短暂时光，不仅改变了我之后在旅馆的住宿方式，同时也改变了我的整个旅行计划。

世界著名建筑师住过的旅馆

晚餐时，我被带到了正堂二楼的客房“西”。抬头看见有一根粗大的屋梁横穿天花顶，令我觉得有一种从上往下压的威慑感。

女服务员一道接着一道把菜送来。

我正在琢磨，这濑户内海特有的小鱼腌汁青鳞鱼，很配餐前的紫苏酒，突然想起了什么，放下了筷子，屈指数了起来。

不过六个小时啊……

入住仓敷旅馆，迎来了第二个晚上。在这两天里，只有六个小时是与对方在一起度过，听她讲述。是的，只有短短的六个小时。

我认真地听着，一边做笔记一边想象着那个时代，每当听完一段回忆，我心里都会这样想：“肯定有很多女士都希望自己能在这样的生活中慢慢老去吧。”

创建这家旅馆的老板娘畠山繁子，个子娇小，皮肤光滑，满头纯白的秀发在灯光下闪烁着光芒。

“今年，我都快八十八啦。”

听到她细声说话，我还是睁大了眼睛。因为她在给我说几十年前往事的时候，就像是叙述昨天发生的事情一样，是那么的肯定。

畠山繁子认识了砂糖批发商老板河原宇平。正因为她的想法与河原一致，都希望将有历史的珍贵建筑留给后世，所以才能够完成将砂糖批发商仓库等有来历的建筑改造成旅馆这样的工程。这就是事情的经过。这里还有柳宗悦、陶艺大师伯纳德·里奇（Bernard Leach，1887—1979）、河井宽次郎、栋方志功等人到访的难以忘怀的回忆。仓敷还有许多与大原总一郎有关的故事，他父亲大原孙三郎拥有仓敷人造纤维等好几家企业，还创建了大原美术馆，作为长子，他继承了父亲的遗志，将仓敷发展成了一个观光城市。

由于繁子女士的娘家拥有大规模的牡蛎养殖场，所以 1897 年，她在形似画舫的牡蛎船上做起了牡蛎料理专门店的生意，开始经营牡蛎增[1]的业务，打下了这家旅馆的基础。

但是，1944 年，说是这里已成为了空袭的目标，政府下令她将牡蛎船从水面撤走，拉到了广岛。结果，这条船再也没有回来。

战后，繁子女士买下了邻接大原家后院的空房子，经过简单的改造，准备重新开始做牡蛎增的生意。然而，在 1948 年，由于料理店刚重新开业，又新开辟了旅馆经营业务，繁子女士过度劳累，肚子里所怀的长子早产，不幸去世了。

繁子女士在亲笔写的手记《仓敷河川流不息》（倉敷川流れるままに）中详细叙述了自己对旅馆的回忆。根据手记记载，把料理屋改

1　增，类似海面养殖的网箱。

造成拥有五间客房的旅馆，并得到政府批准营业是在1947年的冬季。

我还听到了有关旅馆和牡蛎增时代的趣事。老板娘说："天皇陛下准备外出视察冈山县，上面突然下通知说要把牡蛎增周围作为警备本部，便批准了我们的旅馆经营。大原公馆的有邻庄成了天皇陛下的下榻处，说是因为那里距离牡蛎增很近。"

1954年7月8日，近代建筑运动发源地德国包豪斯（Staatliches Bauhaus）的创办人，20世纪具有代表性的建筑师瓦尔特·格罗皮乌斯（Walter Gropius，1883—1969），在日本具有代表性的建筑师丹下健三的陪同下到访过这里。

"真的吗？"

没想到竟然听到了两位在建筑界属于巨匠的名字，我探出了身子，加强了语气。

当时格罗皮乌斯七十一岁，丹下健三四十岁。那年，丹下健三首次获得建筑学会奖，也就是在那一年，这两位建筑师开始准备出书，并为此而着手对桂离宫进行拍摄。时隔不久，这部书便在世界建筑业界引起了巨大的反响。这是一部名为《桂KATSURA——日本建筑的传统与创造》（桂 KATSURA 日本建築における伝統と創造）的摄影集，是两位与摄影师石元泰博三人共著的，1960年同时在美国和日本出版。

繁子女士详细记录了为两位建筑师巨匠所准备的用餐菜单。

昭和二十九年七月八日

瓦尔特·格罗皮乌斯

丹下健三

于 牡蛎增旅馆

菜单

冷盘　照烧海鳗 海虾 炝毛豆 嫩姜

凉菜　玉子豆腐

油炸　对虾 鱿鱼 茄子 南瓜 白萝卜泥 天妇罗酱料

火锅　挂面 鸡蛋卷 香菇 烤星鳗 大葱山萮菜 海藻 汤汁

烧烤　烤香鱼 蓼醋

清汤　鲳鱼芋头子 山萮粉 红酱汤

水果　西瓜

旅馆芳名册上也有两位的大名。

“昭和二十九年七月八日陪同格罗皮乌斯到访 丹下健三”

当时的仓敷，既没有酒店，旅馆也都没有床，因为离大原美术馆较近，两位决定住在牡蛎增旅馆。繁子女士与丹下认识以后，才生来第一次见到了眼罩这东西。丹下给人感觉比较难以接近，据说他在床上睡觉时，也是不带眼罩就睡不着。

而格罗皮乌斯看到了盛在放着冰的盘子里的挂面、鸡蛋卷、香菇和烤星鳗等料理，就不断地询问繁子是不是手工做的。他一边感谢厨师的手艺，一边与筷子展开着“格斗”，连称赞说：“好吃！好吃！”

人奔六十方开花

在咖啡馆一角的桌子前，我与繁子女士面对面坐着，聆听着她的讲述。一开始，我们用的是抹茶和糕点，但因为话题说个没完，中途女服务员给我换上咖啡，之后还添加了好几次。咖啡馆里除了住宿者以外，还有其他客人光顾，期间就进来了好几对客人。他们都被这用江户时代留下来的砂糖批发店旧房子正厅和三栋仓库改造的旅馆深深吸引了。批发店时期的砖瓦、白墙、格子窗、土地房、防雨窗、榉木柱子和榉木梁这些东西依然如故，都保存了下来。

虽然现在，由仓库和古老民宅改造成的旅馆并不稀罕了。但是，这家旅馆开业是早在1957年，可以说是开了有效利用旧建筑，把它改造成旅馆的先河吧。这里不仅仅体现古老文化，还充满了旧建筑所没有的活力。我想，说不定这是本地哪位有才的设计师设计的吧，于是便向繁子女士打听。然而，当听了她细声慢气说出的人名，我又马上提高了嗓音问道："真的吗？"

哦，原来是浦边镇太郎！

记得在大学读书时，凡是刊登了浦边作品的建筑杂志，我一本不落全部都看过。记得大学二年级的暑假，为了亲自实地考察他的作品，我甚至还去过仓敷。那时我参观了在这一带的好几家旅馆，可完全没想到就在这附近，居然还有这么一家浦边的日本式旅馆的珍贵作品。别说我当时是一名大学生，就是到现在，要不是繁子女士告诉我，我还一无所知呢。

与繁子女士的谈话告一段落，我赶紧来到市中央图书馆，重新查阅了浦边镇太郎的建筑作品集以及好几册相关文献。结果，让我发现了读书时被我忽略掉的、对于了解建筑师浦边镇太郎极为重要的关键部分。

这就是年龄和头衔。

浦边镇太郎在仓敷留下了许多著名建筑，以至建筑业相关的人士，一提到仓敷，大家都会想到他。当我们知道了浦边的年龄要比村野藤吾小十八岁，比平田雅哉小九岁，比吉村顺三小一岁以后，再来看他的每一个作品就会发现，他的作品似乎都集中在他的晚年。

代表作有仓敷国际酒店（1963 年），这是浦边五十四岁时的作品，以江户时代初期的宅邸和仓库为基础建造起来的，散发着仓敷特有的美观。沿街的是传统的和式二层楼木结构建筑，以白色为基调的墙壁，通称海参墙。那是因为顶上铺的是一排平瓦，采用了海参接缝式铺法，瓦与瓦之间的灰泥接缝隆起呈鱼糕状，又融合了用钢筋混凝土建造的五层楼西式建筑。浦边凭这建筑获得了建筑学会奖，该建筑也是他的成名作。

之后，浦边设计的有，外观看上去像仙鹤展翅翱翔一样的仓敷市民会馆（1972 年，六十三岁），获得了每日艺术奖。还有将旧工厂改造成了酒店和美术馆的仓敷常青藤广场（1974 年，六十五岁），凭此作品，他第二次获得建筑学会奖，并且还获得了日本室内设计协会奖、冈山景观奖、仓敷市都市建筑优秀奖等。除此之外，在仓敷，他还设计了仓敷纤维冈山第二工厂（1960 年，五十一岁）、仓敷青年旅馆（1965年，五十六岁）、仓敷纤维中央研究所（1968年，五十九岁）、仓敷文化中心（1970年，六十一岁）、仓敷市民会馆（1972年，六十三岁）、曾对仓敷中央医院进行过三次改建和增建（1975年、1980年、1981年）、仓敷市政府大楼（1980年，七十一岁）等。

“维修工程师”出身的建筑师

我还了解到了在浦边的作品集中，为什么找不到这家旅馆的原因，因为那是浦边独立创业前设计的建筑。而且，当时他并不是在什么有名的设计事务所中学艺，只是仓敷纤维这家纺织公司的一名维修工程师。

当我从繁子女士那里听说，这家旅馆开业时，浦边的头衔是“维修部长”，我还以为是企业的工薪职员利用余暇打工做设计的呢，经过调查了以后发现，并非如此。浦边镇太郎不仅是在当维修部长时，在当维修科长时，就已经在建筑业界小有名气了。

在1948年的建筑学会杂志《建筑杂志》（建築雜誌）发表的题为《桥梁随笔》（橋のエッセイ）的文章中，他署名的头衔是“仓敷绢织株式会社维修科长”。这时，浦边三十九岁。四年以后的1952年，他又在杂志发表了有关住宅建筑的文章。1954年，他完成了仓敷纤维冈山公寓，1959年在《建筑杂志》发表了题为《追求外形美观的造型》（血色のよい造形力を）的“新年所感”

随笔。

其中写道："见了丹下健三先生，我说'（国际设计比赛的优胜）又被北欧（的建筑师）夺走啦'。"也就是说，他当时已经与丹下健三很熟了。那时的头衔已经升职为"仓敷纤维公司维修部长"了。

虽然其本人确实有才，但是纺织公司一名科长既可以向学会杂志投稿，也可以把设计的建筑作为自己的作品拿出去发表，之所以能得到这样的自由，也是因为企业经营者对浦边镇太郎的才能大力支持的结果吧。而公司的经营者正是以纺织业起家，不久便发展成在日本实业界名垂史册的一大财团的父子俩——大原孙三郎和大原总一郎。

我在头脑中整理了一下浦边的作品——分布在仓敷街道上只是作为"一个个点"，它们总能联系到"大原孙三郎和大原总一郎"这两根主线上。

浦边在独立创业前曾任维修科长、维修部长的仓敷绢织（后为仓敷纤维，最后改为可乐丽株式会社）是大原孙三郎创建的公司。仓敷常青藤广场的建筑原先是孙三郎创建的仓敷绢织的旧厂房，而仓敷中央医院之前也是孙三郎为职工及仓敷市民的健康管理而设立的机构。

两位老板不仅让自己的部下维修部长为自己设计工厂和公司宿舍，甚至还把总一郎创建的这个城市第一家真正意义上的酒店——仓敷国际酒店的设计工作也交给了他。于是，这座建筑获得了建筑学会奖和建筑年鉴奖等。大原父子对于浦边而言，是两位大恩人，也是他的坚强后盾。

1986年，七十七岁的浦边，作为在发展和提高建筑艺术方面做出显著贡献的人士之一，获得了日本建筑学会奖。他在授奖仪式上发表的随笔《风土与建筑》（風土と建築）中这样写道："作为跟随（大原）父子两代人的建筑工程师，在二十八年以后成了建筑师，在这当中的二十四年里，我在仓敷所做的工作，几乎都是迂执地尽力去守护住大原家族留下的'庞大遗产'。"

凭借自己一代的努力建立起财团的孙三郎出生于1880年，他是一位实业家，不仅为赚钱，还把办企业所得到的财富回馈给社会。他对柳宗悦、陶艺家滨田庄司及伯纳德·里奇等提倡的民艺运动非常赞同，日本民艺馆就是孙三郎出资建造的。在开馆的第二年，孙三郎在给儿子总一郎写的信中这么说：

"我觉得在自己所做的事情中，这件事是最有意义的。"

"这件事"就是指为支持柳宗悦等人而创建了民艺馆。陶艺家河井宽次郎为孙三郎的民艺馆提供了很多自己的作品。孙三郎还委托自己一直支持的、比自己小一岁的西洋画家儿岛虎次郎，收集莫奈（Claude Monet，1840—1926）的《睡莲》（*Les Nymphéas*）和埃尔·格雷考（El Greco，1541—1614）的《受胎告知》（*The Annunciation*）以及海外一些珍贵的绘画作品和工艺品，并为展出这些作品而建造了大原美术馆。他还创办了仓敷中央医院，这些都是孙三郎自愿回馈社会的其中一环。

与大原总一郎的相遇

1939年孙三郎五十九岁功成身退，年方二十九岁的长子总一郎继承了父亲的事业。总一郎与浦边同龄，都是1909年出生的，他与父亲一样，支持和培养了许多艺术家，栋方志功就是其中一位。总一郎被当时尚未成名的志功的作风和热情为人深深感动，好几次邀请他来仓敷，为大原家的隔扇作画。浦边设计的仓敷国际酒店开业时，通顶的大厅墙壁上挂着的那幅木版画就是总一郎委托志功画的，那是世界上最大的木版画。

对于与自己同岁，又是冈山第一冈山中学以及旧第六高中的同窗好友浦边，总一郎内心总想着要对他的才能给予支持。1932年，总一郎毕业于东京帝国大学（现东京大学）经济学部，浦边于1934年从东京帝国大学建筑学科毕业后就进了仓敷绢织公司。

后来，浦边当上了维修部长，于1957年开始着手对仓敷旅馆进行改造。除此之外，他还设计了仓敷纤维富山工厂第一期（1950年）、日本基督教团西条荣光教会（1951年）、仓敷考古馆增建工程（1952年）、仓敷纤维西宫第三公寓（1958年）、仓敷纤维健康保险协会苍海寮（1959年）、日本工艺馆（1960年）、仓敷纤维冈山第二工厂（1960年）以及大原美术馆分馆（1961年）等。

浦边第一次到访仓敷旅馆的前身牡蛎增餐厅是在1951年的春季。繁子女士出生于1916年，比浦边年轻七岁。当时繁子三十五岁，浦边四十二岁。

繁子说："仓敷纤维公司维修部长浦边镇太郎先生突然出现在

了玄关，告诉我们说他们总经理大原总一郎马上就到。”

据说是大原总经理看到牡蛎增餐厅用烤焦杉木建成的板壁都损坏了，作为友好邻居，他主动请求允许他帮旅馆重新修建。

“（大原总经理）说：‘我已经与浦边君讲好了，您和他好好谈谈吧。’没等我做出回答，就往回走了出去，于是看到庭院种着三棵长得很茂盛的柏树，自言自语地说：‘这种柏树，就是我小时候看到过的树啊。这种树很不错，得好好珍惜哦。’然后就径直回去了。我呆呆地伫立在那里，一句话也说不出来。”

对总一郎而言，看到后院那些从小就熟悉的柏树颇有感怀，想必他一直对买了这块地来经营的牡蛎增餐厅比较在意吧。这家餐厅在不久后，因天皇陛下的视察成了牡蛎增旅馆。大原家的宾馆有邻庄用作天皇陛下当时视察的住所，而作为邻居的牡蛎增旅馆用作警卫人员的住所。或许从那时开始，在总一郎的心目中，牡蛎增旅馆便成了大原家以及仓敷市的第二家宾馆了吧。官方正规的招待及住宿都安排在他自家本馆的有邻庄，而熟悉亲近的朋友来都安排在牡蛎增旅馆。

繁子女士看到本地的名士突然来访，惊慌失措得连茶水都忘了上，等冷静下来才醒悟到，总一郎的这个请求正表现了他对这里的关怀。

“‘作为友好邻居，能否允许我帮您重新建造板墙’这样的提法，总经理明白在向他人示好时不能让对方感到欠了人情，这也是总经理特有的为人厚道之处啊。”

总一郎走了以后，浦边对繁子女士说这也是总经理的一片好意，您就爽快答应了吧，接下来的事情就包在我身上了。然后，浦边对板墙做了察看就回去了。第二天一大早，大林建筑队就来实地测量，开始施工了。浦边在把这里改造成仓敷旅馆之前，就已经先为牡蛎增餐厅的板墙做过设计了。

繁子女士从这一件事情当中，了解到了大原总一郎的为人，也明白了浦边在总一郎眼中是一位怎样的人才。繁子女士的话语中充满了对总一郎的敬畏之情，就好像大原总一郎是仓敷这个城市的城主，而浦边镇太郎是这位城主最为信赖的家臣。

总一郎之所以一直以来对仓敷旅馆，甚至对作为其前身的牡蛎增旅馆照顾有加，或许是因为有意想通过将牡蛎增旅馆培养成大原家族以及仓敷市的第二家宾馆，来发展和提高仓敷的“饮食”文化和“住宿”文化吧。同样，他也想通过培养“浦边镇太郎”这位自己身边的人才，来为仓敷这个城市留下不同于其他城市的“建筑”文化。

1962年7月7日，仓敷建筑研究所成立，总一郎任董事长，浦边任执行董事。这个研究所成了浦边建筑设计事务所的前身。这时，浦边已经五十三岁了。作为仓敷建筑研究所的作品，已经有仓敷国际酒店、仓敷纤维国府台公寓等作品。1964年，仓敷建筑研究所改名为仓敷建筑事务所，浦边时年五十五岁。仓敷青年旅馆是研究所的作品。1966年，再次改名为浦边建筑设计事务所，浦边五十七岁。大原总一郎在这两年后，也就是1968年去世，享年五十九岁。

丹下健三留下的谜团

我阅读着一篇篇有关浦边镇太郎的论文，发现了饶有趣味的记录。

1954 年 5 月，德国出生的建筑巨匠，当时的哈佛大学教授瓦尔特·格罗皮乌斯到访日本，在大约三个月的逗留时间内，在日本国内东奔西走。建筑学会杂志上发表了题为《格罗皮乌斯博士逗留记录》（グロピウス博士滞日記録）的日记式文章。

我们来看其中 7 月 6 日的记述。记录者是“格罗皮乌斯教授逗留联络委员会”委员之一的东京大学副教授丹下健三。

“到达仓敷大原先生的有邻庄已是傍晚，大原先生夫妇俩、浦边镇太郎先生等出迎，三木知事来庄。”

第二天 7 月 7 日的记述。

“在大原先生公馆用完晚餐，浦边先生向格罗皮乌斯先生献上了宫崎县民谣‘稗捣节’。歌声不高，没有影响到四邻而落下闲话。”

记述看上去有一点嘲弄的意思，却反映了丹下与浦边关系亲密，这令人感到颇有意思。即便如此，我也为浦边的工作态度而惊叹，竟在知事和大原总一郎共同举办的欢迎世界级建筑大师的晚宴上一展歌喉。文章中虽然没有记载浦边的头衔，但从 1954 年的时间来看，仓敷建筑研究所还没有设立，他还是纺织公司的一名职工，是维修部工程师的身份。

而在浦边表演了宫崎县民谣“稗捣节”的第二天，1954 年 7 月 8 日，正是丹下与格罗皮乌斯入住仓敷旅馆的前身牡蛎增旅馆的日

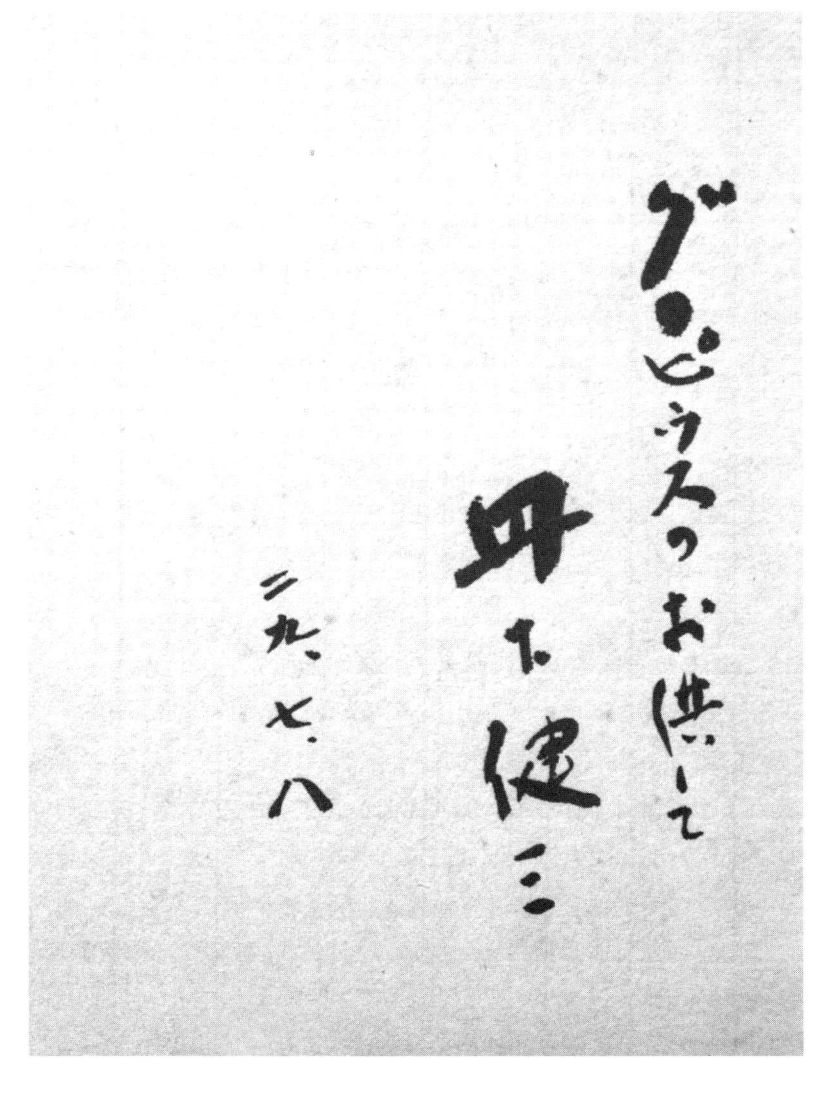

留在仓敷旅馆芳名册上的丹下健三签名（个人收藏）

子。然而……

我赶紧确认了一下建筑学会上刊登的7月8日的记录。丹下只写了8日“同行七位向广岛出发”，负责之后记录工作的是另一位委员，名叫野生司义章。8日就写了一行：“入住宫岛对岸的一茶苑。”所说的七位是，格罗皮乌斯夫妇、丹下夫妇，然后是野生司和他的孩子们。

根据旅馆保存的“菜单”记录以及繁子女士自己的回忆，格罗皮乌斯与丹下7月8日住在仓敷的牡蛎增旅馆，繁子女士生来第一次从丹下那里看到了眼罩这种东西。

难道说，在旅馆保存的“用餐菜单”中，记录有误？

丹下在建筑学会的“逗留日记”7月7日的记录中没有记载有关住宿的事情。如果7日入住的是牡蛎增旅馆的话，那是符合逻辑的。但是……

假如丹下“大原先生公馆用完晚餐之后”的记录正确，那么晚上格罗皮乌斯与丹下在牡蛎增旅馆又吃了一次全席套餐。若是几乎都“吃剩下”了就不提了，可根据繁子女士介绍，格罗皮乌斯一边与筷子展开着“格斗”，连称赞说好吃。

丹下亲自在芳名册签上了名，并注明日期为7月8日。这么说来……

或许是，丹下与格罗皮乌斯在去广岛的途中悄悄离队，两人为了进行密谈，在8日夜里又回到了仓敷的牡蛎增旅馆。

又或者是……

8日“同行七位向广岛出发”这丹下的记录本身与事实不符，

是不是两个人当天并没有离开，只是两位的夫人去了广岛，而他们两则在仓敷多住了一晚呢？

我真想弄清楚这是怎么一回事，但是丹下和格罗皮乌斯都已经不在这世上了。

留下短和歌的建筑师

在繁子女士所讲述的故事中，以大原父子与浦边的名字为主线，还不时出现了许多昭和时期比较活跃的建筑师的名字。

1949 年，当时还是牡蛎增旅馆，浦边与大原总一郎两人都四十岁时的故事。当时浦边带着一位客人来住宿。这位客人名叫堀口舍己，既是著名建筑师，又是著名茶室研究学者。堀口当时五十四岁。

繁子说："堀口先生是菜、酒和米饭交替着食用的，他用餐时很当心，尽量不把餐具中的食物弄得乱七八糟，而且吃到最后，会在盘中倒上茶水晃荡一下，喝得干干净净，我还以为他是位禅宗的修行者呢。"

堀口到访仓敷的目的是为了请浦边带他来鉴赏保存在大原公馆的茶道用具的。据说，同行的繁子女士看到堀口还带着擦拭茶碗用的小绸巾，用小绸巾接过递来的茶碗后，两手放在榻榻米上长时间的凝视，深受感动。

办完要事回到旅馆，堀口看到三棵柏树说道："这种树挺少见的啊。"这就是以前大原总一郎说过的"这树很不错，得好好珍惜"

的三棵柏树。堀口说他曾经在奈良公园见到过同一种类的树。他摘下一片红树叶端详，向繁子问道：

“结果子吗？”

“不，不结果子。”

“奈良公园的柏树是会结果子的哦。可树叶和树枝与这一模一样，真不可思议啊。”

堀口回到房间，在芳名册上写了两首与落叶有关的短歌之后，便离开了旅馆。

其一：落叶纷飞向水面，川边客栈待人来。

其二：枕水欲眠还举杯，晓来流水催人归。

舍己

数日之后，堀口给旅馆寄来了一封信。

信封中还夹了一张和纸。和纸上面贴着旅馆柏树的干叶标本与奈良公园柏树的干叶标本，并且还在和纸的空白部分画上了柏树果子。

“仓敷旅馆”的诞生

1956年，在还没有成为观光城市的仓敷，料理店渐渐多了起来，牡蛎增的生意开始走下坡路。正当繁子女士对前景感到不安的时候，又是时任仓敷纤维公司维修部长的浦边镇太郎找到了繁子女士，告诉她说同样是在沿河边，有一家江户时期建造的砂糖批发店要出售，建议她买下。

第二年就开始了砂糖批发店的改建工程。承蒙大原总一郎的一番好意，繁子女士把牡蛎增卖给了大原美术馆。之后，她用这笔资金购买了建筑用地以及充作改建工程的费用。而且在施工期间，她还得到允许，仍然可以在已卖给大原美术馆的牡蛎增继续做生意。

在留下了以富冈铁斋的画稿制作的楣窗、衣帽间、有顶棚的带滑轮的井、工具仓库、砂糖仓库、客房玄关的庭院灯等以后，三栋仓库的改建先推迟进行，首先着手对砂糖批发店正房进行改建。

设计由浦边免费提供。改造后的建筑既要与美术馆城市仓敷相符，又要尽可能充分发挥砂糖批发店原有的结构。为了将这里很自然地改造成一家旅馆，建筑师和业主都费尽了心思。最后，将原来的瓦葺、白墙、格子窗、泥土房、防雨窗、榉木柱子和梁等，很多东西都原封不动地保存了下来。

工程期间，一度传出在那家批发店的空地出现了幽灵，还传得有模有样的。人们都在背后议论纷纷，说最后肯定要停工的吧。让谣言戛然而止的正是繁子女士本人。她在夜深人静时分，拿着手电筒，独自一人哆嗦着两条腿，走遍批发店进行查访，给大家证明了什么事情都没有发生。

1957 年末，商号由大原总一郎命名，商标由染色工艺家国宝级人物芹泽铦介设计的仓敷旅馆诞生了。

1958 年 12 月 20 日，浦边带着两位客人，住进了竣工差不多已有一年的仓敷旅馆。一位是丹下健三，另外一位是丹下在东京大学读书时的恩师、曾参与过东京大学安田讲堂设计的岸田日出刀。这时，浦边四十九岁，丹下四十五岁，岸田六十九岁。虽然在年龄上浦边比丹下要大，但是当时仓敷建筑研究所尚未成立，浦边只是一名维修部的部长而已。而丹下则已设计过旧东京都政府大楼，此后又设计了第三次获得建筑学会奖的仓吉市政府大楼，已经是一位著名建筑师了。

旅馆的芳名册上，似乎是岸田日出刀代表三人签的名。

“昭和三十三年十二月二十日 建筑是艺术 日出刀”

来旅馆住宿是为了商讨有关丹下设计仓敷市政府大楼旅馆的事宜。政府大楼在1960年建成，大约在二十年后，这座大楼改建成了市立美术馆。而负责改建设计的，以及设计新政府大楼以取代旧楼的都是浦边镇太郎。可是，当时在这家旅馆用餐的三个人，当然谁都没有想到，除了改建这家旅馆之外，这位只设计过工厂和公司公寓等本公司建筑的一介维修部长，将在这块土地上继续创造出辉煌业绩。

为三人准备的菜单非常简单，只有三道菜。鰤鱼和鲷鱼的刺身，将切块黄瓜、白萝卜泥、柚子不做任何装饰全部拌在一起的农家醋汁牡蛎，以及切细的紫菜和山葵泥做成的牡蛎饭。

从自己养殖场直接捞起的牡蛎非常新鲜，没有黏糊松软的感觉，煮过以后肉质还是很有弹性。据说岸田非常喜欢这种用新鲜牡蛎制作的农家牡蛎饭，竟然连吃了三碗。

回忆栋方志功

我吃完牡蛎饭和炭烤河豚的晚餐，感到心满意足，在回到作为睡房的单独房间之前，我决定再好好地参观一下旅馆。下了楼梯，穿过走廊，我看到了电车枕木一般粗的房梁，像是浮在空中一般显现着红黑的色彩。比起在日光下，在电灯光的照映下，这房梁看上去显得更加沉重。

出了正房，我向隔着小小庭院的旧米仓走去。听说今天晚上这栋楼的客房都空着，所以我毫无顾虑地打开房门，直奔楼上。上到了头就是顶层阁楼“巽”，这间客房的天花顶很高，挺宽敞的。据繁子女士说，栋方志功和司马辽太郎很喜欢住在这里。下到一楼，又看了其他客房，其中一间叫作“东”的客房，房间出乎意料的宽敞。

繁子女士所说的宴会，估计就是在这里举办的吧。

她回忆起 1961 年，大原美术馆陶器馆开馆时发生的事情。据说河井宽次郎、滨田庄司、芹泽铨介以及栋方志功等名人都出席了陶器馆开馆典礼，其中栋方志功每次到访仓敷，都指定要住宿这里。墙上到现在还挂着好几幅志功的版画。

陶器馆开馆典礼结束后，大原总经理带领重要嘉宾来到仓敷旅馆。

繁子说：“当时，我喊了一声‘栋方先生’，结果他用语速很快的津轻方言回答说‘我可不是什么先生，我只是一名工匠哦，能称得上先生的只有大原先生那样的人啊’。”

当时栋方志功是在威尼斯美术双年展上第一位夺得大奖的日本人，在世界上很有名。我插话说道，这故事倒也很符合性格木讷的栋方啊。繁子女士脸上浮现出温柔的微笑继续说道：

“这么一来，站在旁边的伯纳德·里奇先生用非常流利的日语说‘你听不懂栋方先生的日语吧，还是我说的日语要易懂得多啊’，于是大家都一起笑了起来。”

我伫立在那里，呆呆地望着如今已寂静无声的昏暗房间。

人生即一期一会

回到了为我准备的单独客房，我再次观察起墙壁和天花板等室内装饰来，想要把这些东西好好地印刻在脑海里。这里是土墙仓房结构的独栋客房“庭”。你仔细地观察，建筑物本身就会告诉你，哪部分是原来的旧建筑，哪里是重新修整过的。

突然从门口传来了声音。

是繁子女士。已经快夜里十点了。

开门请她进来后，看到她从和服袖子伸出两只细白的手里拿着一本看上去挺厚重的书。原来是她听说我对栋方志功指定这里作为住宿的故事很感兴趣，故去寻找当时出版的志功画集，一直找到现在才找到，还特意为我送了过来。

“栋方志功先生完全没有那种所谓艺术家的装腔作势，真的是一位完美无缺的人。”

我在电灯下翻阅着接过来的画集，繁子女士开始向我介绍。

“他是 1968 年，在大原总一郎先生去世后不久，到这里来的。”

据说当时六十五岁的志功的视力很差。

“因为他当时的状态是听了声音才总算知道是我来了。我将两只手撑在榻榻米上，正准备对大原总经理的去世表示哀悼，可志功先生却先跟我说了句‘大原先生他……’，就再也说不出话了，两手紧握拳头遮住脸，号啕大哭起来，就像是小孩子大声哭喊一样……”

房间里回响着空调吹出暖风的声音。

在这寂静无声的独栋建筑里，我仿佛听到了正房传来了志功抽抽搭搭的哭声。

繁子女士说了声“时间挺晚了”，便自己打住了这道不尽的话题，并跟我说，明天一早就要出门，今晚就此告别了。

繁子两只手紧握着我的手，就像是要包住我的手一样。没有想到，她的两只手是冰凉的。

她那被电灯光照得眯起来的两只眼睛里，充满着惜别的情谊。我的心里也一样，充满了这种惜别之情。

“无论地位有多高，名声有多大，物质多么富有，人死的时候什么也带不走，只有灵魂入天堂。死，虽然害怕，但我已经活到了这个岁数，真的也没有什么可留恋的了。留给我的只有此时此刻与您的相遇，我很珍惜当下这一刻。人生就是一期一会，我马上就要听从神灵召唤而去了，请您多多保重！”

说完，繁子女士静静地转过身去。

微微颤抖着像仙鹤那样纤细的背脊，静静地消失在走廊的黑暗中。我唯有一动不动地注视着她的背影。

我踏上旅程去访问自己一直以来仰慕的建筑师所设计的旅馆，在那里度过每一个白天黑夜，仔细地观察那些随着昼夜变化而变化的建筑表情。其实要说的话，也就是在到达旅馆当天的傍晚，一直到第二天的中午，自己的心情就像是在观看那些渐渐地变换着不同情景的漫长表演似的。

但是，到访仓敷，在那里遇见的女士让我懂得了，若是能够一面观看随着时光的流逝而变换的演出，一面倾听旅馆主人回忆自己是如何与建筑师们一起创造这些表演的，那么从旅行中得到的享受将会更多。

她还让我懂得了，当你遇到能够聆听这些回忆的机会时，必须要尽可能地匀出时间来，静心倾听并进行记录。

是的，如今已经不可能再次听到了。

仓敷旅馆

左页上　从 1969 年仓敷市中心被定为观光地区十多年来，一直保存至今的、仓敷特有的“美景”
左页左下　玄关部分的空间、楼梯与二楼的“上座”、客房“西”都未加修整，保留了浦边的设计
左页右下　改建前的馆内，展出了主人收集的挂钟、相机等
右页上　客房“藏”的二楼部分
右页下　馆内局部构造

仓敷旅馆

左页　客房“巽”的进门处。司马辽太郎和栋方志功等喜欢入住的房间
右页　通过专用楼梯来到二楼房间。江户时期作为仓库时，楼梯坡度比较陡，经过改造现在比较容易上楼了

仓敷旅馆

左页　充分发挥做仓库时的结构，并融入了浦边设计客房“巽”的风格。浦边说：“拉窗有将阳光变为月光的功能。”

右页　保留了房间里江户时期的结构部件

仓敷常青藤广场

上　对明治二十二年竣工的、砖瓦建造的纺织工厂进行拆除、改建和再利用，于 1974 年完成。此作品获得建筑学会奖。由承担仓敷旅馆改建工程及其他仓敷著名建筑的藤木工务店负责施工。休息厅充分发挥工厂车间的天花顶，在广场地面保留了车间被拆除后的柱础痕迹

下　客房也是利用工厂时期的结构改造的

仓敷国际酒店

上　浦边镇太郎在建筑界崭露头角的成名作。1963 年竣工。此作品也获得建筑学会奖。既有浓厚的民族艺术风格，又具有现代特色。藤木工务店负责施工。墙壁上的版画为栋方志功的作品

左下　一楼电梯厅墙壁上镶嵌的瓷砖

右下　客房沙发处的吊灯

| 后记 |

浦边镇太郎作为建筑师开始创作的时间虽然比较晚，但直到他1991年八十二岁去世，还是留下了众多的作品。建筑师的创作生涯很长，过了七十岁以后依然热情高涨地发表了一个又一个作品。在这一点上，他与直到九十三岁仍在第一线设计创作的村野藤吾、八十八岁去世前仍在做建筑师工作的吉村顺三，以及八十岁还作为木匠师傅负责多个工程现场的平田雅哉有着共通之处。

关于建筑师的年龄，村野藤吾是这样说的：

“因为我独立创业时才四十岁，而真正能够做点事情的，还是在六十岁以后了。总之，自我培养吧，这样做就一定会得到社会的认可。在艺术的世界里，五十岁、六十岁都还属于青年期啊。”

从青年成长为成熟的建筑师，至少要到了七十岁以后吧。这样，只有到了那年纪仍在第一线工作的人才有可能获得新的荣誉。

与平田大师有过交流的今东光这样写道：“进入名人堂的重要条件之一是长寿。”

衷心感谢以下各位热情而平静地给我讲述与名人们在一起的珍贵回忆，以至忘记了时间的流逝。

他们是，万亭的小竹幸先生、大观庄的小川良子女士、平田建设的平田雅映先生和八木健仁先生、越前芦原温泉鹤屋的吉田富美子女士（已故）、平山泰弘先生、平山圭子女士、俵屋的佐藤年女士、文珠庄的几世淳纪先生、大正屋的山口英子女士、山口保先生、山口雅子女士、信贵山成福院的铃木凰永先生、铃木敏子女士、铃木贵晶先生、仓敷旅馆的畠山理穗女士、中村律子女士。

再次感谢各位的大力协作！谢谢！

事先申明：

本书的完成经过了十年时间的采访和拍摄，书中介绍的旅馆和酒店有的现今已不存在了。有的虽然还在，但又经过了改建和改装，因此本书中所记载的客房、设施等，有些也已经不存在了，请各位谅解。

书中照片由稻叶尚登提供。

| 索引 |

人名

建筑物

| 参考文献 |

关于平田雅哉

『大工一代』平田雅哉・内田克己著　池田書店
『新版大工一代』平田雅哉・内田克己著　建築資料研究社
『数寄屋造り—平田雅哉作品集』平田雅哉・恒成一訓著　毎日新聞社
『数寄屋造り（続）—平田雅哉作品集』平田雅哉・恒成一訓著　毎日新聞社
『新数寄屋造り—平田雅哉作品集』平田雅哉・恒成一訓著　毎日新聞社
『数寄屋建築（第 1 ）料亭・旅館編—平田雅哉作品集』平田雅哉著　創元社

关于吉村顺三

『俵屋相伝（受け継がれ）しもの』佐藤年著　世界文化社
『俵屋旅館の平面構成の変遷過程』松田法子・大場修著　平成 12 年度日本建築学会近畿支部研究報告集
『建築は詩一建築家・吉村順三の言葉 100』永橋為成監修　吉村順三建築展実行委員会編彰国社
『火と水と木の詩一私はなぜ建築家になったか』吉村順三著　新潮社
『吉村順三作品集 1941 — 1978』新建築社
『吉村順三作品集 1978 — 1991』新建築社
『季刊 JA 59(2005.8 号) 吉村順三』吉村順三建築展実行委員会編　新建築社

『吉村順三建築図集』吉村順三設計事務所著　同朋舎出版
『現代日本建築家全集 8　吉村順三』三一書房
『素顔の大建築家たち一弟子の見た巨匠の世界（02）』都市建築編集研究所編、日本建築家協会　建築資料研究社
『村松貞次郎対談集 1　建築の心の技』村松貞次郎他著　新建築社
『昭和住宅物語』藤森照信著　新建築社
『吉村順三を囲んで』吉村順三・宮脇檀・六角鬼丈・藤森照信・中村好文著　TOTO 出版

关于村野藤吾

『村野藤吾著作集　全 1 巻』村野藤吾著　鹿島出版会
『村野藤吾和風建築集』村野藤吾著　新建築社
『村野藤吾のデザイン・エッセンス 1 ~ 8』和風建築社編　建築資料研究社
『建築をつくる者の心』村野藤吾著　ブレンセンター
『日本現代建築家シリーズ 9　村野藤吾』村野藤吾著　新建築社
『村野藤吾 1964 — 1974』村野藤吾著　新建築社
『村野藤吾の建築　昭和・戦前』長谷川堯著　鹿島出版会
『村野藤吾建築案内』村野藤吾研究会著　TOTO 出版
『素顔の大建築家たち一弟子の見た巨匠の世界（01）』都市建築編集研究所編、日本建築家協会　建築資料研究社
『三養荘』畑亮夫（写真）　同朋舎出版
『都ホテル 100 年史』都ホテル編　都ホテル
『にっぽんの客船』INAX 出版
『きれい寂び一人・仕事・作品』井上靖著　集英社
『生誕 100 年記念　村野藤吾　イメージと建築』村野藤吾生誕 100 年記念会企画　新建築社
『匠技一大工・中村外二の仕事』中村外二著　青幻舎
『日本建築と工匠たち』清水一著　世界書院
『植治の庭一小川治兵衛の世界』尼崎博正編集　田畑みなお撮影　淡交社
『庭師　小川治兵衛とその時代』鈴木博之著　東京大学出版会『石と水の意匠一植治の造園技法』尼崎博正著　田畑みなお撮影　淡交社

『都ホテル　葵殿庭園及び佳水園庭園』尼崎博正・今井直久・田畑みなお・仲隆裕・矢ヶ崎善太郎著　都ホテル

关于浦边镇太郎

『倉敷川流れるままに』畠山繁子著
『浦辺鎮太郎作品集』浦辺鎮太郎著　新建築社
『現代日本建築家全集 (12)　浦辺鎮太郎・大江宏』三一書房
『建築の出自一長谷川堯建築家論考集』長谷川堯著　鹿島出版会
『大原総一郎随想全集 1 ~ 4』大原総一郎著　福武書店
『夏の最後のバラ』大原総一郎著　朝日新聞社
『大原孫三郎伝』大原孫三郎刊行会編
『わしの眼は十年先が見える一大原孫三郎の生涯』城山三郎著　新潮文庫